富安百代财富安全与传承丛书

The Wisdom of
Law and Commerce

法商的智慧

为幸福规划财富

曹亦农　周明　许吉安　陈江飞　编著

WUHAN UNIVERSITY PRESS
武汉大学出版社

图书在版编目(CIP)数据

为幸福规划财富:法商的智慧/曹亦农等编著. —武汉:武汉大学出版社,2020.1
富安百代财富安全与传承丛书
ISBN 978-7-307-21246-6

Ⅰ.为… Ⅱ.曹… Ⅲ.①家庭管理—财务管理—基本知识 ②民法—基本知识—中国 Ⅳ.①TS976.15 ②D923

中国版本图书馆 CIP 数据核字(2019)第 239100 号

责任编辑:李 玚　　责任校对:汪欣怡　　版式设计:马 佳

出版发行:武汉大学出版社　(430072 武昌　珞珈山)
　　　　　(电子邮箱:cbs22@whu.edu.cn 网址:www.wdp.com.cn)
印刷:湖北金海印务有限公司
开本:720×1000　1/16　印张:16.5　字数:237 千字　插页:2
版次:2020 年 1 月第 1 版　2020 年 1 月第 1 次印刷
ISBN 978-7-307-21246-6　　定价:48.00 元

版权所有,不得翻印;凡购我社的图书,如有质量问题,请与当地图书销售部门联系调换。

曹亦农

  律师、家族财富传承专家、湖北申简通律师事务所合伙人、富安百代家族办公室主任,现任湖北省第十三届人大常委会委员和法制委员会委员、湖北省律师协会副会长、中国国际经济贸易仲裁委员会仲裁员;曾任湖北省第十一届、十二届人民代表大会常务委员会委员,湖北省第十一届人大常委会内务司法委员会委员、第十二届人大常委会法制委员会委员等社会职务。

  曾在中南财经政法大学任教多年,后从事专职律师工作至今,有丰富的法律专业知识和实务阅历。曾获"第五届全国非公有制经济人士优秀中国特色社会主义建设者""湖北律师功勋奖章""湖北省五一劳动奖章"等多项奖励和荣誉,并荣立二等功两次,单独和参与编写著作与论文多篇。

周明

  毕业于中南财经政法大学，信托律师，财富传承和家族信托领域深度研究实践者，新法商理论创始人。

  先后就职于湖北省委组织部（选调生）、湖北松之盛律师事务所，现任平安区部经理、富安百代家族办公室首席合伙人、湖北申简通律师事务所执业律师。

  目前管理团队规模超3000人，其中团队绩优比例是行业平均水平6倍，是金融领域罕见的同时精通法律、证券、银行、保险、信托等领域的金融融合从业者。

许吉安

  毕业于武汉大学。

  IPMP，新法商理论研究者、财富序位理念提出者，在HR，PM，Marketing等领域有十余年深度实践及显著结果积累，专注项目破局及运营。

陈江飞

  毕业于武汉大学。

  新法商理论深度研究及创作者，职业写手，曾获评上海市文学新秀，在各类期刊发表文章上百篇，专注新媒体营销及内容创作上十年。

富安百代财富安全与传承丛书

编委会

主　任

曹亦农

副主任

周　明

委　员（排名不分先后）

曹亦农　周　明　赵兴兰　陈美君　曹　昊
潘婵媛　靳元霞　王馨怡

推荐序
让财富为幸福生活服务

中国的改革开放不仅创造了世界经济发展的奇迹,而且探索出了经济快速发展的有效路径,培育了可持续发展的内生动力。无疑,民营经济就是其中一道靓丽的风景线。

近40年民营资本用了不到30%的国家资源创造了65%的GDP,贡献了50%的税收,提供了70%的公益捐款,解决了80%的就业,走完了西方国家300年走过的路程,为国家和民族做出了巨大贡献。

更为可贵的是,在特定历史时期,由一代特殊人的特殊付出,不仅积累了宝贵的财富,而且创造了一种珍贵的文化。

然而,如何实现上一代文化的永续传承,确保现有财富的平安传递,破解"君子之泽,五代而斩"的魔咒、避免重蹈"富不过三代"甚至一代的覆辙,既是上辈所期,也是后代所望,更是民族所盼,关乎家族兴衰、员工生存,影响社会稳定、国家实力。

基于此,富安百代家族办公室财富安全与传承系列书籍的面世恰逢其时,而本书作为该系列的第一部,更是具有非凡的价值和意义。

作为曹亦农律师的好友,我既为他在行业里摸爬滚打几十年所积累的深厚专业素养和对事物鞭辟入里的洞察所折服,也为他在年过半百之时仍以创业家的年轻心态力图打造湖北本土最专业家族办公室的决心所打动。我知道,作为湖北省人大常委会委员,曹亦农律师一直胸怀家国之念,在他心里,如何为改革开放后的民营企业家做点实事,如何帮助这批优秀的创业家直面财富安全与传承中的难题,是他长久以来的心愿和情结。

从这一层面来说,本书不仅凝聚着曹亦农律师数十年来的思考和总结,也是他心血的凝聚,更是他真情实感的深刻表达。

基于此,我是怀着崇敬之心来阅读本书的。本书通过法商思维的建构,通过包括父母关系、子女关系、婚姻关系、企业关系等人生中最重要的几种关系序位和财富管理思路,为读者们指明了一条用财富规划幸福人生的清晰路径。在阅读体验上,可以看出语言几经锤炼,事例鲜活,让人有耳目一新之感。

当然,最重要的还是读完之后我的收获。本书的体系让我深受启发,此前困扰我多年的问题仿佛在这样抽丝剥茧、去繁化简的方式中逐一消解,我想,这本书对我的影响将是持久而深远的。

今天,我向大家郑重地推荐本书,这不仅是作为一位读者粉丝的"种草",也是作为曹亦农律师的好友,手捧这令人激动和骄傲的"好东西",无法忍受它籍籍无名就此埋没,而选择为其鼓呼的真挚态度。

所以朋友们,如果你正经受财富的困扰,如果你正忧心财富与家庭关系的双重考验,如果你正在寻求专业人士的最佳建议,那么本书,将是帮助你窥见幸福人生的第一步。

2019 年 8 月 7 日

第十一、十二届全国政协委员,中外名人文化产业集团董事长
中国·全联旅游商会副会长、中国民营文化产业商会副会长
中国中外名人文化研究会副理事长、中国视协电视节目研发委员会执行会长

自 序
用法商思维建立幸福人生

古代祖先们仰观天文，俯察地理，近取诸身，远取诸物，他们认为宇宙万事万物由三部分组成，即气、数和象，也就是当代科学家说的能量、信息和形式。《周易》说："神无方而易无体。"① 孔子也说："精气为物，游魂为变。"②

秉持这种认知的祖先们，很容易就生出了"生死有命，富贵在天"的宿命观念，这种宿命观，从夏、殷时代就开始流行，几乎贯穿整个中华文明发展史。南朝梁之刘峻曰："所谓命者，死生焉，贵贱焉，贫富焉，治乱焉，祸福焉，此十者，天之所赋也。"③ 因而先祖们认为，生死、穷富、祸福等都是老天爷赋予的，是命中注定的事。

既然命运早已写定，那人世间的一切还有什么意义？这样的诘问，跟命理观念一道被传承了数千年之久，直到今天仍在深深影响着中国人，老一辈整天挂在口边的"一命二运三风水"，就是这种理念的历史文化延续。只是，早早勘破命理的祖先们，却并不打算对命运束手就擒：他们应用易

---

① 选自《周易系辞·上》，"神无方"的"神"，南怀瑾认为，不是西方宗教中所谓的神，而是我国原始文化中"天人合一"的观念，即宇宙生命主宰的功能。"神无方"，就是宇宙生命主宰的功能，无所在也无所不在，同易的变化法则一样周流不拘。

② 精气：阴阳凝聚之气，古人认为是生命赖以存在的因素；游魂：浮游的精魂，即消散的精气。阴阳二气凝聚而生万物，精气离开物形，则生变为死。古人把生死理解为阴阳二气的聚散。

③ 见《文选·刘孝标·辩命论》。

经智慧在全世界率先发明了提前了解命运的"预测学"、努力改变命运的"风水学"以及感知天地自然灾害并且预知人间重大政治人事变化的"星象学"……这里的自洽逻辑是：即便命运早已注定，但改变命运的尝试并不会就此止步，即便面对悲剧式命运，也要用智慧、坚韧、不自弃，去实现生而为人的终极理想，那就是获得幸福，获得长久、稳定的幸福。

于是，我们惊讶地发现，东方的儒学、佛陀，玄学意味的风水、命理，与西方的希腊众神、基督耶稣、伊斯兰世界的先知默罕默德，都在这里有了殊途同归式的终极交汇：佛家修行的目的是脱离苦海，不再入六道轮回，去往西方极乐世界；儒家修行的目的是求乐，追求"孔颜之乐"；道家修行的目的是逍遥如大鹏展翅，自由、快乐；基督教和伊斯兰教修行的目的是进入幸福的天堂，享受那永世的安乐……作为人类最高智慧的结晶，这些哲学和宗教的终极目的和终极理想都不约而同地指向了：幸福。

是啊，命运或许无常，或许难以捉摸，但个体追求幸福的脚步却从不曾停歇。幸福的诱惑实在太大了，以至于人类从诞生开始，就从没停止过对幸福的顶礼膜拜，它是人类最持久的信仰，也是人类解释存在意义的最后答案。

当然，古人们利用种种玄学甚至虚无缥缈的迷信来尝试勘破命运、参透胜败，注定只是徒劳的，想要依靠这些来实现心愿、达成幸福，也无异于雾里看花、水中望月。不过，祖先们竭尽全力所追求的幸福，对今天的我们来说，却变成了一件可以被规划出来的事儿。

今日之中国，政权稳固、经济繁荣，人们的物质生活得到极大满足，世界又处在和平的大势之中。对个体来说，不再有冻饿之患、饥馑之忧，我们不再需要借助"神仙"的力量，只需要做好规划、调整心态，幸福仿佛顺理成章。然而，事与愿违，尽管我们知道幸福可以被规划，但今天的我们，大多数人的主观感受却是不幸福的。为什么？

其中一个关键的原因，就是在为幸福规划财富时，我们往往走偏、往往出错。解决这一问题的核心，在于掌握正确的法商思维。这就是为什么，作为一本主体内容在谈法商的书，我要在书的开篇这样引入"幸福"

的概念，因为法商的最终目的就是帮助我们去掌握生命的幸福密码，进而实现人生幸福。所以，与其说这是一本讲述新法商思维的书，倒不如说是一本讲述如何用新法商思维实现人生幸福的书。

正确的法商思维应该是令人更幸福的思维，应该是越深入实践生活就越舒适、关系就越融洽妥帖的思维，而不仅仅只是预知风险、防范风险，它的一切秘密就在于，运用法律工具，达成关系圆满，进而获得持久的人生幸福感，把我们生而为人的价值放大到极致。

基于此，本书才有了今天的结构框架——我们首先通过对法商思维的解读，进而引出法商思维下正确的关系序位，包括婚姻关系、子女关系、企业关系、个人养老关系等，而在这些关系序位的基础之上，为大家提供财富规划的建议和思路，帮助读者朋友们搭建为幸福生活服务的财富框架，尝试解决悬而未决的财富与幸福生活难题。

当然，由于本人水平有限，本书难免有所疏漏，倘若读者诸君们在阅读本书后能不吝指正，对笔者而言，将善莫大焉！对于本书创作过程中给予指导与支持的各位领导和朋友，特别是给予笔者创作灵感和信心的刘传铁先生与刘顺妮女士，笔者一并致以衷心的感谢！

最后，也祝愿读者朋友们家庭幸福和睦、事业顺利！如果通过本书，您能得以窥见幸福生活的罗马大道，那真是笔者的福报了。

是为序。

目 录
CONTENTS

第一章　幸福：财富征程中的灯塔 / 001
　　一、有多少钱才幸福？ / 003
　　二、财富"难民" / 012
　　三、财富征程中最关键的三个点 / 020
　　四、为幸福规划财富——财富幸福的金字塔 / 026

第二章　法商就是安排法律、财富和幸福的关系 / 031
　　一、法律的起源 / 033
　　二、为什么幸福与法律、财富管理相关？ / 036
　　三、什么是法商？ / 041
　　四、法商的核心是透过法律安排关系的序位 / 042

第三章　财产安全的核心是规划好"确定的钱" / 049
　　一、金钱的本质：金钱的四种形态 / 053
　　二、或然风险——"病、残、亡"的规划 / 058
　　三、必然风险——抚养子女与个人养老的规划 / 070
　　四、家庭财务规划的序位——金钱的"五个篮子" / 080

第四章　婚姻中的财富规划 / 087
　　一、法商思维下的夫妻关系本质："伴侣" / 089
　　二、四成离婚时代：婚姻需要规划 / 092

三、婚姻财产的界定：共同财产和个人财产如何区分？ / 097
四、婚姻中的三个特殊账户 / 110
五、离婚三件事，需要怎么做？ / 124

第五章 子女财富支持规划 / 129
一、法商思维下我们与孩子的关系本质："导游" / 131
二、后喻时代的选择：向孩子学习，你准备好了吗？ / 145
三、父母对未成年子女的财务支持 / 151
四、父母对成年子女的财务支持 / 160
五、父母对特殊子女的财务支持 / 164

第六章 对企业财富的规划 / 175
一、法商思维下我们和企业的关系：我是我，企业是企业 / 177
二、中国企业家发展史：他们从何而来？（1978—2018 年） / 186
三、尊重企业和企业家的生命周期，建立蓄水池账户 / 191
四、蓄水池账户的资产选择 / 201

第七章 家族传承的秘密 / 205
一、传承，传的是什么？ / 208
二、如何有效运用遗嘱？ / 214
三、巧用家族信托 / 222

第八章 慈善是百年世家的标配 / 233
一、为何说慈善是百年家族的标配？ / 237
二、"慈善基金会+信托"究竟有何魅力？ / 241
三、慈善，在中国的探索 / 247

附录：婚姻中个人财产与共同财产的界定问题归纳 / 251

第一章
幸福：财富征程中的灯塔

人类的终极理想和目的：幸福。

一、有多少钱才幸福？

2012年,中央电视台一档街头采访节目走红,名字叫《你幸福吗》,当时记者们行走全国,随机对各行各业的人群进行采访,其中有底层务工人员、有水电工人,也有教师、白领、科研专家等,从而引发有关幸福的全民大讨论。如今,七年过去了,我们的国家实力、我们的GDP、我们的财富总量又上了一个新的台阶,那么,跟七年前相比,我们的整体幸福感提升了吗?

研究报告显示,并没有。根据2017年平安财富宝发布的《国民财富焦虑报告》(见图1-1)显示,大部分中国人身处中度焦虑状态,财富焦虑已成"时代病"。

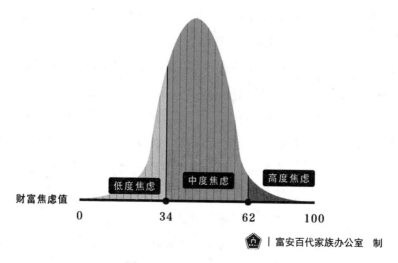

图 1-1　国人财富焦虑分布图

报告将财富焦虑分为轻度、中度和重度：

轻度焦虑：对财富和与之相关事件担忧水平较低，不会对自身情绪产生明显影响；

中度焦虑：对与财富相关的一些事件存在一定程度的紧张和不安，但自身可以进行调节，没有对日常工作生活造成困扰（或困扰较小）；

高度焦虑：对与财富相关事件有强烈持久的紧张和不安情绪，自身难以进行调节，对日常工作、生活和人际交往等方面造成了较大的影响。

财富的焦虑值分布显示：17.6%的中国人处于低度焦虑状态，焦虑值低于34；78%的中国人处于中度焦虑状态，焦虑值为34~62；4.4%的人处于高度焦虑状态，焦虑值高于62。

我们不知道这份报告在多大程度上反映了中国的现实，但至少可以确切地反映出人们对财富的焦虑和恐慌并没有随着中国经济的繁荣而有所消减，反而呈现出日渐增长的趋势。而在这一点上，由清华大学社科院发布的研究报告《幸福中国白皮书》，也得出几乎一致的结论。报告显示，幸福指数与人均GDP呈现明显的倒U曲线（见图1-2）。

根据参数计算，其拐点出现在人均GDP为每年45000元人民币左右。在这个拐点之前，总幸福指数随着人均GDP的增加而增大，但在人均GDP达到每年45000元之后，总幸福指数反而会随着人均GDP的增加而减少。也就是说，当经济指标超越一定限度，财富和幸福感的正相关关系便消失了。从多国比较研究发现，人均GDP8000美元以上的国家中，财富和幸福感之间没有任何相关关系。而且，从时间上讲，经济的发展和相应的收入增加，并不会使相应的幸福感有所提高。

在笔者多年做财富规划的经历中，也发现了同样的规律，笔者发现客户的财富到了一定层次后，财富对幸福感的影响会很小，甚至一些客户的

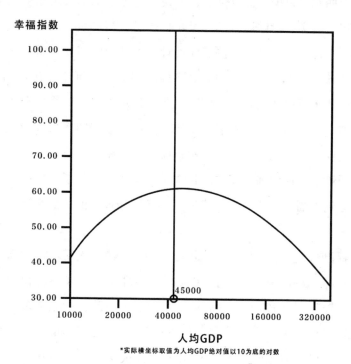

图 1-2　幸福指数与人均 GDP 的关系

表现是幸福感与财富是负相关的。

　　笔者和一个客户交流他创业的经历时聊到，2000 年左右，他开始进入医疗市场，有半年的时间是非常辛苦的，收入也非常低，同期入职的人都放弃了，他还在坚持。他说，半年后发生了转机，逐渐开始盈亏平衡。当他一个月可以赚到 5000 元的时候，是他幸福感最高的时候，那个时候，他觉得有能力养家了，有能力去买一些以前想买但不敢买的东西，有能力去一些以前不敢消费的场所了，突然觉得自己是世界上最幸福的人。之后随着事业的扩张，可能吃个饭的工夫，5000 元就进账了，但是并不能给他带来持续的幸福感，因为这个时候，他的注意力焦点已经发生了转移，拥有财富的喜悦变成了失去财富的恐惧，还经常很焦虑。

还有一个朋友，以前是亿万富翁，他说，他创业的初衷是让爱人生孩子之后能够喝上鸡汤，能够让自己一家在村子里获得尊重。但是真正成为亿万富翁后，不计其数的突发事件需要处理，各种应酬需要出席，几个情人都为他生了孩子，需要平衡，和老婆冷战，婚生子女和自己绝交，成为问题少年，这些事情都让他心力憔悴。他非常肯定地说，财富并不能让他的幸福感增加一分一毫，相反让他非常焦虑。终于一次失败的投资之后，一下变成了负债几百万元，他似乎突然解脱了。亲密关系正常了，婚生子女回来给他帮忙了，他仿佛一夜之间长大了，身体也变好了，他说，现在经常可以体会到幸福。其实幸福很简单，可能是和孩子的一次交流，也可能是看到了一次美丽的夕阳西下。

《大百科辞典》上对幸福有一个定义，是指"一个人需求得到满足而产生长久的喜悦，并希望一直保持现状的的心理情绪，并不与快乐、满足、方便划等号"。我们知道，幸福是一个主观的感受，受非常多的因素影响，但是最核心的问题是"需求"和"长久"。随着财富的增长，我们的需求是会变化的，以前觉得有一套房子就会很幸福，现在有了三套房子，我们的需求可能就从房子上转移了。在获取财富的征程中，不同的阶段，我们的需求是完全不一样的，甚至大多数时候，我们自己也不知道自己真正的需求是什么，或者被某一个需求牢牢地抓住，而忽视了其他的需求。

2018年，武汉一位37岁的职场精英罹患胃癌的消息曾刷屏笔者的朋友圈，这位在湖北地产广告圈颇有名气的地产策划人，他的亲身经历让笔者更深刻认识到对幸福需求的追索有多么重要。

这位策划人被朋友们亲切地叫作老沙。老沙工作非常拼命，他每天凌晨2点之后睡觉，频繁出差、加班到凌晨、酒桌上觥筹交错的应酬成了常态。年初，他从武汉到深圳创业，出差跑业务的次数更多了，日复一日的南来北往几乎占了他生活的全部。业务越多，应酬越多，压力也就越大，抽烟、喝酒、熬夜、不规律的生活，早已远超他的身体所能承受的极限。

甚至最拼的一次，他连续工作了长达70个小时愣是没合眼。在这样的工作状态下,他患上了胆结石、胃溃疡,却一直没当回事儿。直到查出胃癌晚期,他才不得不停下来,第一次开始反思,曾经透支生命打拼的事业,获得的成功,究竟意义何在?面对死亡的惶恐和对生命的敬畏,他在朋友圈写下了自己的劝诫:"大家一定要关注健康,烟酒不碰,在家吃饭。"

在生命的最后时刻,老沙回到老家,和家人把自家老宅子清扫了一遍,准备在这个留存着自己珍贵童年记忆的地方度过生命的最后一程。弥留之际,老沙在朋友圈写下了最后的感受,孩子、妻子、老父亲,对身边最亲的人,老沙带着遗憾记录着自己最深的爱意(见图1-3)①。

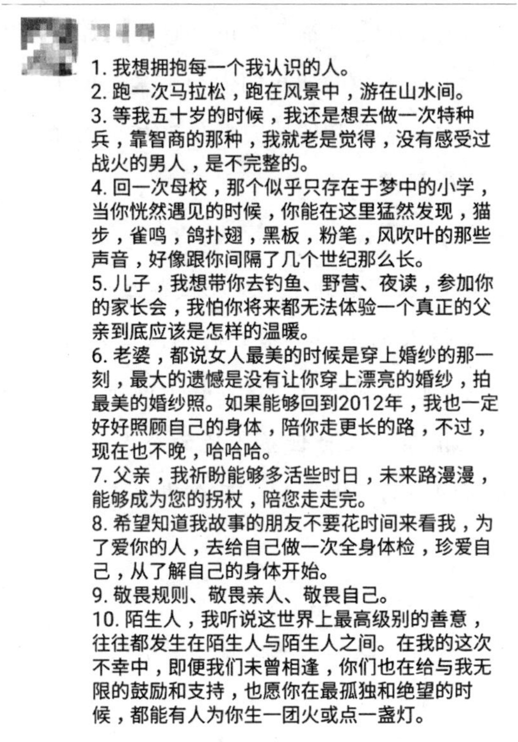

1. 我想拥抱每一个我认识的人。
2. 跑一次马拉松,跑在风景中,游在山水间。
3. 等我五十岁的时候,我还是想去做一次特种兵,靠智商的那种,我就老是觉得,没有感受过战火的男人,是不完整的。
4. 回一次母校,那个似乎只存在于梦中的小学,当你恍然遇见的时候,你能在这里猛然发现,猫步,雀鸣,鸽扑翅,黑板,粉笔,风吹叶的那些声音,好像跟你间隔了几个世纪那么长。
5. 儿子,我想带你去钓鱼、野营、夜读,参加你的家长会,我怕你将来都无法体验一个真正的父亲到底应该是怎样的温暖。
6. 老婆,都说女人最美的时候是穿上婚纱的那一刻,最大的遗憾是没有让你穿上漂亮的婚纱,拍最美的婚纱照。如果能够回到2012年,我也一定好好照顾自己的身体,陪你走更长的路,不过,现在也不晚,哈哈哈。
7. 父亲,我祈盼能够多活些时日,未来路漫漫,能够成为您的拐杖,陪您走走完。
8. 希望知道我故事的朋友不要花时间来看我,为了爱你的人,去给自己做一次全身体检,珍爱自己,从了解自己的身体开始。
9. 敬畏规则、敬畏亲人、敬畏自己。
10. 陌生人,我听说这世界上最高级别的善意,往往都发生在陌生人与陌生人之间。在我的这次不幸中,即便我们未曾相逢,你们也在给与我无限的鼓励和支持,也愿你在最孤独和绝望的时候,都能有人为你生一团火或点一盏灯。

图1-3 老沙的朋友圈

————————

① 本案例参考湖北网台、网易新闻现有资料,汇编整理而成。

看到老沙的文字，可以感受到老沙对这个世界的眷恋，感受到老沙最后时刻的乐观、坚韧，相信很多人会和笔者一样，为之动容、为之落泪。生命无常，我们实在无法预料未来等待着我们的到底会是晴天还是黑夜，所以，提前了解生命存在的意义，感知幸福，学会用法商工具规划人生，实在是一件必要且紧急的事。

《百科全书》曾总结出能让我们幸福的几个基本要求：第一是爱与被爱。

无论我们是贫穷还是富裕，我们都希望生活在爱当中。普通人住普通高层，富人住别墅，但决定幸福指数的并不是普通高层或别墅，而是和谁住在一起。和爱的人一起吃顿饭可能都会很幸福，和不爱的人天天吃饭可能都是折磨。出去旅游，决定幸福与否的往往不是旅游攻略，而是和谁一起旅游。如果财富能够持续地增加我们爱与被爱的能力，那财富就会成为我们幸福的工具。比尔·盖茨和他的夫人在2017年发布的写给沃伦·巴菲特的公开信中，曾这样写道：

> 在过去25年里我们看到了发生在世界上最贫穷人群身上的一个故事，他们取得了惊人的进步：极端贫困人口减半，儿童死亡人数减半，数百万计的女性得到赋权。这些伟大的进步靠的不仅是沃伦和其他慈善家的慷慨捐赠、来自世界各地的个人善款和穷人们自己的努力——还依靠捐赠国的巨大贡献，而全球健康和发展的资金绝大部分都源自它们。
>
> ……通过防止疾病扩散，我们可以拯救国内外人民的生命……通过扶持最贫穷的人群，我们展现出自己国家最崇高的价值观……①

这对全世界最慷慨的慈善家，10年间他们共捐出1000万股伯克希尔·哈撒韦公司的股票，他们的慈善基金会累计获得了价值超过172亿美

---

① 文字来源于比尔·盖茨及梅琳达·盖茨2017年发表的公开信。

元的资产。在成为这个星球上最有钱的人之后,比尔·盖茨夫妇并没有在财富中迷失自我,反而去寻求内心中"正义的事业",并甘愿为之挥金如土。显而易见,在获得尊重、名声、高尚的情操之后,这对夫妻并肩站在一起,成为慈善事业上的合伙人,同时也顺利收获了属于自己的幸福。

第二是安全感。《百科全书》总结了8种安全感,分别是情感、身体、社会关系、法律、收入、福利、房子、生活环境的安全感。我们发现,高净值客户的安全感并不一定和财富的数量成正比,甚至有些时候是成反比的。一位香港的企业家,他的公司原本一帆风顺,每年净利润有2000多万元,过着有滋有味的生活,直到有一天,有投行的人拜访他,说可以协助他上市。面对更大的财富诱惑,他心动了,却没想到费尽千辛万苦好不容易才把企业做上市,还没尝到胜利的果实,迎接他的却是股价疯狂地下跌。加上市场忽然遇冷,他的企业几乎在一夜之间元气大伤,债主们纷纷上门,一时间众叛亲离,这位企业家也几乎崩溃……这并不是危言耸听,而是市场上几乎每天都在发生的事,所谓眼见他高楼起、眼见他宴宾客、眼见他楼塌了……在腥风血雨的商业化时代,必然是一种常态。

所以,如果安全感真是我们的需求,那么我们在拥有财富的时候,为什么不把它放在优先顺位,先认真地规划好呢?

第三是舒适感,包括生理的舒适感和心理的舒适感。我见过很多高端客客,他们工作压力比普通人大很多,即使身体不舒服,也会强撑,哪怕晚上难受到无法入睡,也依然如铁人般扛着企业前行。知名创业家李开复先生在患淋巴癌时发表了一封公开信,信中曾写道:

……为了最大化影响力,我像机器一样盲目地快速运转,心中那只贪婪的野兽,霸占了我的灵魂,狂心难歇,最后身体只好用一场大病来警告我,把我逼到生命的最底层,让我看看自己的无知、脆弱、渺小,也让我从身体小宇宙的复杂多变,体会宇宙人生的深邃和奥妙……当生命的红灯亮起,曾经的执念顷刻间烟消云散,一切身外之物都如潮水般迅速后退,我独自看着所剩无几的寂静沙滩,陷入日复一日的沉思。这不是世界对我的审判，也不是病魔对我的刑罚，而是一个站在生死边界的人，对自己的无情剖析与彻底忏悔……

所以，在公开信最后，李开复感慨道："以前我总鼓励年轻人要去追求什么，而现在我也认为年轻人需要思考该放下什么。"是啊，当我们走过生命的中途，看过了不少的风景，是不是也需要静下心来，仔细思考下我们是不是负重过多了呢？是不是应该放下些什么好让生命后半段的路更轻松、更好走呢？

除了生理的舒适感，心理的舒适感可能更为关键。我曾经问过一些企业家，你想退休吗？他们第一反应是想啊，但是我退休了我的企业怎么办？我退休了这么多跟着我的兄弟姐妹怎么办？等等。这说明很多人其实并不是真的热爱工作，很多时候只是觉得自己很难脱身。工作并没有给他们舒适感，同时家庭中还可能存在和爱人关系不那么亲密、和孩子沟通困难等很多烦心的事情。这些事情，其实都可以找到专业的咨询师进行协助。笔者经常讲，心理咨询在西方起初是贵族的保健，现在很多中产以上的人都会在心理亚健康的时候寻求专业咨询师的帮助，而在中国，很多高净值人士还认为，只有心理疾病才需要找心理咨询师。

《辞海》对幸福区分了层次：低层次的幸福在物质世界里，而高层次的幸福在精神世界里。很有钱、很有权、有别墅、有豪车、被人羡慕所带来的幸福感只是低层次的幸福。高层次的幸福是：（1）保持童年的欢乐、激情、兴奋、对生活的美好感觉。（2）在茫茫的人海中遇到深爱的人，一起生活，彼此深深地爱着彼此，彼此深深地依恋着彼此。每天一下班，兴奋地、着急地回家和所爱的人团聚。（3）事业是人存在的意义之一，深深地爱着自己的事业，带着激情在事业中积极奋斗，感觉每天都在获得存在的意义，不枉青春。

我们花了很长时间讨论幸福，因为这本来就是我们追求财富的"初心"，但是在获取财富的征程中，我们很容易忘记"初心"。如果我们冷静下来想一想，我们究竟是为财富奋斗，还是为幸福奋斗呢？如果为了财富而奋斗，这是一个没有终点的旅程；如果为了幸福而奋斗，财富其实就是我们实现幸福目标的工具。回顾自己的初心，厘清自己现阶段最重要的需求，用财富做确定性的规划，能让我们越来越清醒，同时越来越幸福。所以笔者认为幸福是获取财富征程中的灯塔。

回到初始的问题："有多少钱才幸福？"当你具备了一定的财富基础，这个问题其实就变成了"如何让财富为我的幸福生活服务"或者"怎么安排我的财富，从而让我和我的家庭更幸福"，这就是本书的写作出发点，笔者期望基于法商理论，来讨论和追索财富与幸福之间的关系，并通过对我们人生中最重要的关系进行财富规划，来帮助读者朋友们，用幸福来规划财富，最终带来稳定的财务安全感和关系和谐度，实现富有而充实的人生目标。而不是用财富规划幸福，这两者决不可本末倒置。

二、财富"难民"

澳大利亚国立大学教授埃克斯利曾这样评价当今世界：

当消费主义盛行后，营销的目的不只是让我们对现时拥有的物质不满足，更重要的是连对自己也不满意。换言之，它鼓励大家把"多少才够"这个问题抛在脑后并盲目地追求，倡导拥有的财富越多，幸福越多。

埃克斯利认为，消费主义随时都在寻求机会"入侵我们的心智"，助长"无止境的、贪得无厌的欲望"。① 埃克斯利还统计了一个数字，来说明已经进入无物不营销的时代，那就是美国 2007 年花在广告营销上的钱大约有 1000 亿美元，等于全美一整年教育经费的好几倍，10 多年后的今天，这个数字只会更加庞大。也难怪对现代人来说，懂得知足，保持内心的平静，明确财富的规划方向，并不是件容易的事。

对美国如此，对刚刚富裕起来没多久的中国，更是如此。我们接下来列举几种常见的"财富病"，这几种情况在中国高净值群体中极为普遍。

（一）财富焦虑症（对比、攀比）（见图 1-4）

症状表现：看到别人买房了，自己还没买很焦虑；看到别人小孩去国外参加夏令营了，自己的小孩没去就很焦虑；看别人换新车了，自己还没

---

① Ricard, Matthieu. *Happiness：A Guide to Developing Life's Most Important Skill* [M]. London：Atlantic Books，2007.

换就很焦虑;看到别人上市了,我是不是也要上市……又或者,虽然没了对比的伤害,却有了攀比的毛病,买的房子一定要最贵的、最好的,不然如何彰显身份地位?买的车一定要豪奢阔气;衣服、手表一定要名牌……于是,无数生活中细微的对比、攀比,让人在争取财富自由的路上,却感觉越走越远,焦虑感日渐强烈。财富就如同不断加大马力的吸尘器,将人生意义从我们的生活中抽走,所遗留下的只是源源不断的忧虑、烦恼和恐惧。

我们不断地看到别人有了什么,却往往没有想,我自己需要的究竟是什么?我的家庭要的是什么?焦虑的来源是对未来的不确定感,而确定感只有自己能够给自己,从外在永远都无法获取,这个和财富的多少无关。

图 1-4　财富焦虑症患者

(二)财富上瘾症(把财富放在第一位)(见图 1-5)

症状表现:除了赚钱,什么都无所谓;除了赚钱,什么都是其次的。很多时候,金钱有一种无穷的魔力,当你闭上双眼,它就仿佛俯身在你耳畔说:"把追求我作为你生活中最重要的事情吧,我会奖赏你任何你想要的东西。"于是,人生被财富完全绑架,一路走,一路想赚更多,贪婪就像火球般越滚越大,即便偶尔停下来审视,也因为缺乏改变的勇气和动力而一再放弃治疗。识破金钱的谎言不难,难的是识破后能果断停下来。正如亚里士多德所言:"财富就像海水,饮得越多,渴得越厉害。"

如果冷静下来,我们都知道身体比财富更重要,家庭比财富更重要,幸福比财富更重要。财富是为我们的幸福服务的,而不是我们用自己的幸福为财富服务。但是改变总是很困难。我们可以尝试思考一下,假如生命只剩下三日,我们会如何规划财富和生活呢?一般大家都可以找到真正重要的目标。这个过程需要专业人士进行协助和辅导。

图 1-5 财富上瘾症患者

(三)财富虚胖症(财富高度集中在一个地方,甚至加多倍杠杆)(见图 1-6)

症状表现:因为历史机缘、人口红利、政策影响、科技趋势等原因,一批人乘着风口,个人财富迅速膨胀,相比于普通人来说,他们的财富积累显得更加轻松。股民、炒房者、投机客、企业家以及最近甚嚣尘上的区块链、虚拟货币炒币者等都有成为财富虚胖症患者的倾向,他们的财富高度集中在同一个地方,他们在风险和投机之间来回博弈,人生变成了一场豪赌,随时等待赚的盆满钵满,也随时可能从高处跌落。要知道,可能你一辈子都在赢，但只要输一次，就可能倾家荡产，再无翻盘机会。

有人研究过，为什么大部分炒股的人最终会亏损，原因是他们不愿意落袋为安。往往我们拿出五万、十万去炒，比较容易赚钱。赚钱了一般会追加投资，譬如拿出 100 万，在牛市中发觉又赚了，又会追加甚至加杠杆。到最后，拐点到的会很突然，往往很短时间就会亏损甚至深度亏损。我们需要思考的是，投资不仅仅是为了赚钱，投资往往是为了让我们实现财务自由。赚到钱了，留下 10%~20% 进入财务自由账户，随着赚得越多，越容易实现财务自由，即使拐点到来，也不会回到解放前。

财富病患者共同的特点是：总在追求高回报，总在寻找"风口"。同时害怕自己与机遇失之交臂，财富过分集中到一个篮子里，短期确实可能抓住机会，但长期而言，失败基本是注定的。

图 1-6　财富虚胖症患者

这几种财富病，反映出的是我们这个时代正大行其道的畸形财富观。可怕的是，这些病的"病毒因子"已经弥漫扩散到我们整个社会的精英群体，正在改造一代甚至两代三代"有富"阶层，让太多高净值人士，在追求财富的路上自我迷失，产生对金钱的极度崇拜，并很快就丢掉了初心，陷入因赚钱而赚钱的无限循环之中，即便早早就实现了财务自由，却依然每日焦灼、发愁。说到底，我们的精英阶层因为历史原因，并没有像西方社会那样，经历数百年甚至更久远的家族财富教育，没有深厚底蕴的积累，我们对财富的理解还普遍很初级。我们更多地是用GDP去衡量一个国家的发展，用能够自由支配的钞票去衡量一个人的成功。

当然，我们仅用三四十年就走过了西方发达社会历经二三百年才完成的发展和变化，自然就会累积比别人更多更严重的问题，而对财富理解的偏差，可能是其中最严重的问题之一。

有人曾说过，千金散尽后所剩下的，才是我们真正的价值。我相信这一观点值得被再三提及。财富带来的快乐是暂时的，无止境的欲望会很快夺走这种暂时的快乐。这就是为什么尽管享受着高度发达的物质和科技，我们这个当代社会也并没有比前一两代的社会更幸福。所谓良田千顷，不过日食三餐；广厦千万，不过夜宿三尺。所以亚里士多德说："幸福是存在于心灵的平和以及满足中的。"这就是真理，也是人生幸福的真相。

其实，早在二百年前，西方世界的哲学家们就已经意识到对财富无节制地追求和滥用的危害，叔本华曾提出著名的"钟摆"理论（见图1-7），大意是说：

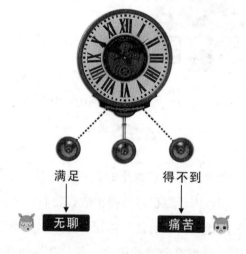

图1-7 叔本华提出的"钟摆"理论

人的一生就像一个钟摆，人在各种欲望（生存、名利）得不到满足时处于痛苦的一端；得到满足时便处于无聊的一端。人的一生就像钟摆一样在这两端之间来回摆动。

乍一听这套理论，你可能会觉得太过悲观，我们可能会问：既然人的一生都处在钟摆之中，那么到底该如何从痛苦境遇中解脱？我们有没有可能，即便困在钟摆中，也能获得人生幸福呢？

对此，叔本华给出的答案是：要想达成人生幸福、过得充实自在，就必须寻找财富和欲望的平衡点，并且时刻对财富保持警惕之心：

我们应把手头上的财富视为能够抵御众多可能发生的不幸和灾祸的城墙，这些财富并不是一纸任由我们寻欢作乐的许可证，花天酒地也不是我们的义务。①

在叔本华看来，人们对幸福的错误认知使得他们将幸福看作单纯的财富的获取。但却忽略了人自身的福祉，如高贵的天性、精明的头脑、乐观的气质、爽朗的精神、健壮的体魄，才是幸福的第一要素。幸福在很大程度上取决于人们的内在心灵，物质财富在促进幸福方面的价值只有对于心灵充实的人才会得到最大的发挥，而对于那些心灵空虚的人来说，对财富的获取只会带来无聊和新的烦恼。

这就暗示我们，幸福的本质只能到人的自身因素或主观方面去探求。然而，普通人却习惯于从外在的因素出发去看待并理解幸福的本质。假如我们发现某人出身高贵，家庭富裕，我们往往就认定，这个人永远是幸福的，仿佛幸福成了他身上某种不变的品质！其实，他本人并不一定认为自

---

① 亚瑟·叔本华. 人生的智慧 [M]. 韦启昌，译. 上海：上海人民出版社，2005.

己是幸福的，索福克勒斯笔下的俄狄浦斯、莎士比亚笔下的哈姆雷特和曹雪芹笔下的贾宝玉，等等，就是这方面的典型例子。

当人们将本来应该为人类的生存和发展服务的财富夸大到一定程度时，人在与其财富关系中的主体地位就被完全颠倒了，财富反而成了这一关系的主体，人们的行为完全为这一异己的力量所控制了。这其实就是产生上述几种财富病的内在根源。

我们看到，西方哲学家在二百年前就对这个问题研究得非常深入了，因为从工业革命开始，西方世界也跟现在的我们一样，曾深陷财富的泥沼当中无法自拔，拜金主义成为压倒一切的信仰。当社会的财富跃迁以难以想象的速度累积，当个人财富达到一个空前的高度，人类社会必然要直面这个问题。幸运的是，人是一种能够自我调整和自我改进的生物，西方社会用几百年数代人的努力，来纠正财富异化的问题，现在，他们已经取得了初步的成效。而对于刚刚富起来的中国，我们显然还处在被财富驾驭和操控的时代，还有很长一段路要走，只有极少数精英能够跳出财富的围栏，去追寻幸福的真正含义。这里有一个小故事跟大家分享下：江湖传言，有一次比尔·盖茨到中国办慈善晚宴，遍邀中国内地富豪，希望他们出席并为慈善做些贡献，但应者寥寥，许多富豪担心到现场被要求捐款，纷纷婉拒邀约。我们无意指责这种行为，只是想通过这个例子，让大家看到我们的社会与西方社会对待财富的差异态度，这种差异，其实就是在社会发展过程中，精英阶层如何对待和处理自身与财富关系的具体体现。当然，随着中国发展逐渐放缓，随着社会阶层渐渐稳固，随着精英人群吃尽财富异化的苦头，我们的社会也一定会像西方世界一样，经历财富与幸福关系的修正。

所以，对待现状，我们既要认清问题的严重性，也不必妄自菲薄，因为历史总是在曲折中前进的，改变总不会一蹴而就。现在，我们需要认真考虑的是：怎样让金钱为我们带来快乐与幸福，而不是焦虑和压力呢？怎样把金钱当成一种达成幸福的工具呢？该如何避免加入不快乐的富翁一族，同时寻觅到自己的财富及幸福呢？这些问题，是笔者在构思整本书时，首先想到的一些问题，它们也是整本书都在试图回答的问题，希望读者通过这本书，来看到一个幸福人生的方向。

现在，让我们开始这趟旅程吧，首先我们需要了解，给我们带来财富不安全感的源头究竟在哪里。

三、财富征程中最关键的三个点

亚洲首富马云曾说过一段颇具争议性的话：

  一个月挣一两百万的人那是相当高兴，一个月挣一二十亿的人其实是很难受的。钱在 100 万的时候是你的钱。其实现在中国最幸福的人是一个月有两三万、三四万块钱，有个小房子、有个车、有个好家庭，没有比这个更幸福的了，那是幸福生活。超过一两千万，麻烦就来了，你要考虑增值，是买股票好、买债券好还是买房地产好。超过一两个亿的时候，麻烦就大了；超过十个亿，这是社会对你的信任，人家让你帮他管钱而已，你千万不要以为这是你的钱。

马云的这段话，在网络上引发热议，各路吃瓜群众纷纷开启群嘲模式："看到小马这么难受，我的心痛得无法呼吸！恨不得那个难受的人是我""第一次如此迫切的想分担他人的痛苦""大佬！请让我来承受这一切！"……网友甚至给马云起两大绰号，一曰"挣钱难受杰克马"、一曰"我不爱钱杰克马"，这两大绰号俨然成为马云的互联网新标签。

  其实，热闹归热闹，当我们静下心来想一想，会发现马云从自己立场上说这番话，有其内在的逻辑。古人讲"德不配位，必有殃灾"，古龙讲"人在江湖，身不由己"，其实都是在说一个东西：能力越大、责任越大，需要付出的代价就越大，当你拥有了数不尽的财富，你必须同时具备承载它们的能力，否则就会焦虑、就会烦恼，心智就会紊乱。

为何会这样？其实，这源于人的本性：得到之后就怕失去，得到越多，不安全感就越强烈，想要彻底掌控的欲望就会与日俱增。潜意识里，我们都知道这些财富不可能永远都在，它面临太多风险，当我们尝到了财富的甜头之后，我们不会愿意再回到过去。所以，潜意识会催促我们不断地焦虑、不断地质疑，以便获得更多的安全感，来对抗无时无刻不在的不安。

那么，怎么样才能克服这种不安呢？其实就是回归初心，认真思考人一生的财富征程的三个"关键点"：起点、拐点和终点（见图1-8）。我们真正的安全感来自于对拐点的规划和安排，我们真正需要的幸福则缘于我们对这三个点的敬畏和反思。

无论"起点"是什么，我们赚第一笔钱的初心都是想让家人过上幸福的生活，而"拐点"往往不期而遇，只有对"拐点"提前安排，才能给我们真正的安全感。每个人都会有终点，我们走的时候，什么都带不走，对终点的敬畏和安排能真正地让我们明白财富的真谛和人生的意义。

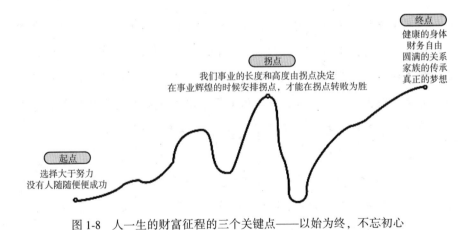

图 1-8　人一生的财富征程的三个关键点——以始为终，不忘初心

首先是"起点"，它是财富积累的开始，在这时候，迈出第一步其实并不容易，支持我们勇敢走出去的往往是我们的信念，而我们的选择大于我们的努力，没有人能随随便便成功，起点总伴随着迷茫、慌张以及破釜

沉舟的勇气。人群中只有一部分人能够把握方向，跳出舒适圈开始自己的财富征程。20世纪90年代开始的下海经商浪潮就很好地诠释了这一点，无数国家公职人员、高校教师、企事业单位中层管理者们纷纷辞职下海，去追求更大的财富梦。

其次是"拐点"，我们的事业并不是总会一帆风顺的，它有起有落，起势总是要经历一个积累的过程，但落势大多数时候却是断崖式的，留给我们补救的时间非常有限。我们事业的长度和高度由拐点决定，在事业辉煌的时候安排拐点，才能在拐点来临时转败为胜，这里最典型的例子就是曾经的线下实体经济霸主国美老总黄光裕：

> 2010年，黄光裕被捕入狱，北京高院以非法经营罪、内幕交易罪和单位行贿罪对他终审宣判，最终他获刑14年，被罚6亿元。但即便面临如此绝境，黄光裕依然保住了国美，即便身在狱中，仍多次摘得首富桂冠，他是如何做到的呢？其实这一切，都有赖于他的夫人——杜鹃。
>
> 黄光裕入狱后，恐慌的供应商纷纷来催债，集团资金链一下子紧绷起来。与此同时，职业经理人陈晓对国美的背叛也完全浮出水面，他在执掌国美期间，不仅大肆培养亲信，而且还引进外来资本稀释黄光裕的股份。这样一来，陈晓依靠资本和国美高层的支持几乎要推翻黄氏。就在四面楚歌的情况下，黄妻杜鹃挺身而出，她说："公司需要多少钱，我有！"
>
> 杜鹃一下子拿出了七千万元化解国美危机，并陆续拿出一亿三千万元带领国美开创新零售时代。铁娘子杜鹃频频出招，出资成立金融新业务，入主华银控股，乘着互联网发展的潮流，使国美继续领跑家电连锁零售业，品牌价值达到716亿元，并于2014年登顶中国连锁百强。

杜鹃就是如此的杀伐果断，但倘若她无法说出"公司需要多少钱，我有"，巧妇也难为无米之炊，那时她又能奈何？

但是，杜鹃何来这么多钱呢？原来，她与丈夫约定，不管企业经营状况有多好，每年都要雷打不动地拿出企业利润的2%设立一个账户，用来购买信托和保险。倘若国美遇难，杜鹃便可拿这笔钱解燃眉之急。①

幸好黄光裕还有妻子杜鹃，还有提前做好的应对规划，最终挡住了众多压力，将国美的控制权留在了黄氏手中。若没有那年复一年的2%，没有用于购买信托和保险的蓄水池账户，黄氏家族、国美电器将会何去何从？恐怕要面临湮没的常态吧。如果是那样，黄光裕跟此前入狱的一众企业家没有任何区别，都将面临一无所有的境地。

笔者相信，很多读者都对黄光裕的案例知之甚详，你也许会疑惑，我们在谈到财富拐点问题的时候，为什么总是举黄光裕的例子？为什么总是称赞杜鹃的智慧和坚韧？其实原因很简单，因为这样的例子太少了，一个黄光裕背后是一百个、一千个甚至一万个跌倒的富豪，他们中的绝大多数在拐点来临之时，没能爬起来，从此迅速跌下神坛、消失在大众视线之外、泯然众人矣，而他们的反面往往只有一个黄光裕，只有一个在狱中还能当上首富的企业家。

最后是"终点"，终点是我们财富征程的完结，它让我们实现了自我价值，让我们获得了充足而富有意义的人生，健康的身体、财务自由、圆满的关系、顺利的家族传承等，都是终点需要达成的目标，这些目标可以帮助我们实现真正的梦想。纵观人类历史，真正走到终点的无一不是社会名流、人群中的佼佼者，比如被称为英伦玫瑰的戴安娜王妃：

> 1997年，年仅36岁的戴安娜王妃在一场突如其来的车祸中香消玉殒，留给世人一片错愕、惋惜和遗憾，也留下了两个未成年的小王子：威廉和哈里，除此之外，王妃还留下了2100多万英镑的遗产。

---

① 本案例参考北京商报、腾讯财经、网易新闻、联商资讯等新闻媒体现有资料，汇编整理而成。

如何处置这些遗产，如何照顾、引导和教育两个年少的王子，这些问题都引起了世人的关注。不久，戴妃葬礼之后，戴妃遗嘱安排正式面世，而这份遗嘱竟早已于四年前（1993年）就已立好。

遗嘱分为两个部分：

第一部分对财产和子女生活教育进行了安排。考虑到两个王子生于衣食无忧的英国王室，戴妃并不担心孩子缺钱，反倒忧心孩子钱太多了。

和大部分普通的母亲一样，戴妃有过很多担忧疑虑。十几岁的年轻王子如果继承了一千多万英镑的巨额财产，人生会受到什么影响？又是否会纵欲挥霍？即使孩子不挥霍，也没有能力打理财产，那财产是不是要白白躺着贬值？如果王子继承财产时还未成年，财产管理权万一被前夫查尔斯获得该如何？年幼的孩子如何抵御他人处心积虑的算计？

如此看来，继承财产存在太多的不确定性和风险。为了财产能够顺利传承，戴妃做出一个决定。她将财产全部交给专业机构打理，设立了专门的遗产信托，并要求在孩子年满25岁之前不能接触财产，在孩子25岁以后，每个孩子每年能支配一半的财产收益。此外，为防止前夫插手儿子家庭教育，她特别提出儿子的教育必须由自己的母亲全权负责并作出决策。

遗嘱的第二部分则淋漓尽致地体现了母亲对于孩子深沉的爱和祝福。第二部分中，戴妃安排儿子结婚时，将她所留下的珍贵珠宝首饰平分给未来两个儿媳妇。

最终事实证明，戴妃的这项安排非常成功。

2007年，也就是威廉王子年满25岁可支配投资收益时，当年委托的2100多万英镑财产得到妥善打理，其间共产生1000多万英镑的收益，实现了资金不贬值、孩子不挥霍、管理不缺位。

2011年，威廉王子与凯特王妃大婚时，凯特王妃佩戴着戴妃的蓝宝石婚戒缓缓走出，当王子牵手王妃走过嘉宾席那特意为母亲保留的空座时，王子脸上露出了感慨的微笑，仿佛母亲就在现场注视着自己，送给自己最美好的祝福。威廉王子如是说道："母亲见证了我们的喜悦和兴奋。"

两位王子都曾说过：20 年过去了，母亲的爱依然在那，这种爱是他们能感受到的最大的财富。[1]

虽然戴安娜因为意外早早离世，但因为对财富合理的规划、对子女精心的安排，让她对子女的爱、自己的财产都得到完美传承，最终在人们心里留下了光辉的形象，在儿子心里也留下了爱的种子。人生的价值、财富的价值，在戴安娜身上得到最大程度的体现。即便死亡，也没能剥夺戴安娜王妃生而为人的高贵，也没能剥夺她对孩子的脉脉温情。

由此我们也可以看出，幸福是规划出来的，真正的安全感同样是规划出来的。

要想手里的财富发挥最大的价值，带来最深切的安全感，一定需要全面合理地规划。

---

[1] 本案例参考北京青年报、搜狐网现有资料，汇编整理而成。

四、为幸福规划财富——财富幸福的金字塔

托尔斯泰在巨著《安娜·卡列尼娜》开篇曾写道:"幸福的家庭都是相似的,不幸的家庭各有各的不幸。"的确,这世间,真正的幸福都是一样的,不论你出身于哪个国家、哪个民族,身怀何种信仰,只要生而为人,对幸福的要求都是一致的。我们不妨对大家所熟知的马斯洛需求层次理论进行一些改造(见图1-9),来直观感受幸福的组成要义。

图1-9　对马斯洛需求理论进行改造

第一层:生理需求,即身体健康。

第二层,安全需求,即财务安全,攒了这么多钱,那么什么才能算是财富安全?其实总结起来无非两点:医疗、养老够,被动收入稍大于支出。财务安全感需要规划,也是本书探讨的一个中心。

第三层，归属需求，即关系圆满，人们必定生活在关系的网络之中，关系是幸福的源泉，关系圆满能给家庭带来大部分幸福感，我们的财富应按照法商背后的法律精神进行配置，这一点，后续章节将会详细论述。

第四层，尊重需求，即社会贡献，社会贡献能让家庭更多感恩，更好地享受生活、享受幸福、获得福报。

第五层，也就是金字塔塔尖，是自我实现需求，即家族传承，家庭传承是爱的延续，能够让一个家庭获得祖辈父辈给予的力量。（而法商就是给以上的幸福一个确定的保证。关于法律与财富、幸福的关系，我们在下个章节会重点论述。）

本书的要点是：如何用财富去满足以上的五种需求。对于不同的需求需要有不同的规划工具。这从低到高的五种阶梯式需求，非常完美地展现了作为一个高净值人士，一个原本的社会精英，该如何通过规划来获得幸福。在每个层次的规划中，我们都需要配置多种资产，其中包括时下正兴的保险、家族信托、慈善基金、遗嘱等工具，因为这是保证资产，因为确定，所以能带来安全感，当然这也需要我们从心理上开始转变或建立对财富、对幸福、对法商的正确觉知。

当然，在进行规划时，有一个共性的问题，那就是在资产规划中，我经常会配置保险或家族信托，他们经常会问我：这个家族信托的收益是多少？有没有高点的？我要是放在财富公司或者买某一种基金，比你这个高多了，我干嘛要配置呢？……很多高端客户在配置资产的时候，往往非常关心回报率，而忽视不同的资产本身的功能和属性是最重要的手段，而其本身的功能和属性在他们眼里只是附加值。

那么，为什么大家都有把各种金融工具当作财富升值手段的倾向呢？为什么在配置保险或设立家族信托时，我们仍然习惯对比收益率呢？诺贝尔经济学奖得主卡曼尼有一套著名的"前景理论"，在这个理论中，卡曼尼提出了"心理账户"的概念。他认为，虽然钱都是钱，但彼此并不具备完全的替代性。同样是1000元，是工作挣来的，还是买彩票赢来的，或者路上捡来的，对于消费者来说，金额应该是一样的，可是事实却不然。在消费者的脑袋里，分别为不同来路的钱建立了两个不同的账户。他相应也做了一个著名的实验：

"今天晚上，你打算去听一场音乐会。票价是200元，在你马上要出发的时候，你发现你把最近买的价值200元的电话卡弄丢了。你是否还会去听这场音乐会？"实验表明，大部分的回答者仍旧会去听。

当情况变化一下，假设昨天刚刚花了200元钱，买了一张今天晚上的音乐会票。在马上要出发的时候，突然发现把票弄丢了。如果想要听音乐会，就必须再花200元钱买张票，是否还会去听？结果是，大部分人回答说不去了。

仔细想一想，上面这两个回答其实是自相矛盾的。不管丢掉的是电话卡还是音乐会票，都丢失了价值200元的金钱，从损失数字上并没有区别，而大部分人的选择却完全不同。

心理学家发现在人们的脑海中把电话卡和音乐会票归到了不同的账户，所以丢失了电话卡，不会影响音乐会所在账户的预算和支出，大部分人仍旧选择去听音乐会。而丢了的音乐会票和后来再买的票都被归入同一个账户，看上去就好像要花400元听一场音乐会了。人们当然觉得这样不划算了。

通俗地讲，就是我们在心里盘算一件事情，往往从成本-收益的角度来看是否合算，我们通常具有享乐主义心理倾向，情绪和情感体验在人们的心理账户核算中起着重要作用。这也就是说，我们一般情况下并不追求理性意义上的效用最大化，而是追求情绪情感满意上的价值最大化。就比如上面所说的电影票的例子，人们脑海里很自然地在追求"损失规避"。

所以，要想获得更高的财务安全感、更好地抵御各种风险，我们首先要做的往往就是打破"心理账户"的限制，从更加理性的视角去合理化使用工具，发挥工具的"效用最大化"，从而达成"幸福最大化"。

归根究底，无论是心理学家还是经济学家都告诉我们，从"效用最大化"出发，对人本身最大的效用不是财富，而是幸福本身。追求财富的最终不是数字本身，财富的背后是人们最终对生活幸福的追求，而不是有更多的财富"数字"。

财富仅仅是能够带来幸福的很小的因素之一，人们是否幸福，很大程度上取决于很多和绝对财富无关的因素。我们的最终目标不是最大化财富，而是最大化人们的幸福。对此，芝加哥大学教授奚恺元有一段很经典的论述：

> 人们最终追求的是满意和幸福，而不是金钱，我们需要有一个严格的理论来研究如何最大化人们的幸福。幸福最大化才是经济发展的终极目标。

因此，与其说这是一本专门讲法商和财富规划的书，倒不如说是一本帮大家用财富来实现幸福最大化的书。本书的内容也将以此为基点展开，通过新法商思维，去帮助人们进行符合法律精神的规划，进而一一达成上文所说的五大需求。如果诸君通过阅读本书，能够增强人生的幸福感，能够更清晰认识法商思维对人生幸福的指引作用，那真是笔者所希冀的福报了。

第二章
法商就是安排法律、财富和幸福的关系

法是规则,商是智慧,法商就是安排财富的智慧。

一、法律的起源

法律这一词汇在中国诞生较晚,直至近代,西学东渐,我们的文化当中才开始出现现代法律观念。此后伴随着半殖民化过程,中国传统法律瓦解,逐渐融入西方法系当中,法制的发展才与世界法制同轨。在更早之前,中国的"法"和"律"并不连用,祖先们总是单独来讲法或律。

法,《说文解字》解释:"法(灋),刑也,平之如水,从水;廌,所以触不直者去之,从去。"意思是法的偏旁为"水",象征法应当如水般公平,平之若水;法字的右边是"廌"和"去",是指一种想象中的法兽獬豸,这种头上长角的法兽生性正直,能辨是非、明曲直,敢于伸张正义,古代用它进行"神明裁判",传说它一旦见到奸邪之人,就会用角去顶。王充在《论衡》中就曾记载:"一角之羊,性知有罪,皋陶治狱,其罪疑者,令羊触之,有罪则触,无罪则不触。"

所以,最初的法的概念,就是指刑事惩罚,如夏朝之法称为"禹刑",商代之法称为"汤刑",从中更能体现"法"就是惩罚的含义。但随着经济的发展,人们民事交往的增多,难免出现争执,"法"自然就延伸到民事处罚。哪怕直到现在,在人们的思想意识中,一提到"法",最直接想到的就是惩罚,实际上人们害怕"法"就是害怕惩罚,这也是人们对法的最直观的感受和理解。而从法字的构成上,我们可以看到鲜明的以"神明裁判"为主体的、为氏族部落服务的氏族法的影子。

律,《说文解字》解释:"律,均布也。"均布,是古代用竹管或金属管制成的定音仪器。而我们知道,古代军队是用金鼓的声音和节奏来指挥战斗的，所以，"律"就逐渐用来代替各种军令军法。

到了春秋战国时期，商鞅"改法为律"，用"律"字代替"法"字，目的主要是阐明法律的稳定性和普遍适用性，把法律解释为一种稳定的必须普遍遵守执行的条文，具有"范天下之不一而归于一"的功能。"律"从此成了中国古代刑法的专用名称，其中律典成为秦以后各朝的主要刑事法典。中国封建时期颁行的法典，基本上都是刑法典，但它包含了有关民法、诉讼法以及行政法等各个方面的法律内容，形成了民刑不分、诸法合体的结构。

那么，中国法律又是如何起源的呢？两种学界较为推崇的观点是：

（1）起于兵，"师出以律"。

中国古代最初的法起源于军事战争，最早的法脱胎于军事活动中产生的军法。另一方面，"兵狱同制"。军事战争需要及时处置敌人、俘虏或其他违法犯罪行为。某些军法同时就是定罪量刑的刑法。如《国语·鲁语》中曾记载："黄帝五刑：大刑用甲兵，其次用斧钺，中型用刀锯，其次用钻，薄刑用鞭折。"

（2）源于礼，"礼为天下先"。

我们知道"礼"产生于祭祀。在祭祀过程中，仪式得到强化和系统化，随着阶级分化，祭祀的仪式等级也完全不同，此时"礼"逐渐成为等级的标志。随着阶级的划分，上层阶级演化为统治阶级，他们借助政治势力将礼上升为调整人们社会关系的规范。

这两种说法都不乏拥趸，不管哪一种说法更贴近历史事实，其实都证明了，法律是伴随着人类社会始终的，它经历漫长的演化和发展，不断地适应和调整人类社会的关系和秩序。德国法学家萨维尼就曾指出："一切法律本来是从风俗与舆论而不是从法理学形成的，也就是说，从不知不觉的活动力量而不是从立法者的武断意志形成的。"

笔者非常认同这一观点，法律其实就像语言一样，是民族生活的表现。它是从民族的经验与需要，经过自然的过程而成长起来的。法学家不能被称为法律的制定者，正如语法家不能被称为语言的创造者一样，他们只是发现了群众生活所创造的东西。这些创造物一部分仍然是习惯,而其他部分则变为"法律"。从这一点上来看,法律的基础就是民俗、习惯以及文化惯性。对此,萨维尼又进一步指出:"立法不是闭门造车,而应从现实生活中提取原料。立法只是发现而非创造。"

所以你会发现,即便中国的法律体系基本照搬欧美,但是在制定具体条文时,很多条文内容却与欧美国家大相径庭,这跟我们的文化、我们的习惯和我们的需求直接相关。因为这是为中国人、为我们自己制定的法律,所以它基本代表了我们整个民族统一的价值观。

今天,亚洲和欧洲大部分国家生活在架构于大陆法系的法律权威之下,古老的宗法制、礼法制在今天已经难觅踪迹,法律在人类历史上从未像今天这样,具备如此压倒一切的力量,并且已经渗透到我们生活的方方面面。这既说明人类文明已经抛弃对个人或强人权威的崇拜,转为对契约精神的坚守,也意味着我们的关系、我们的人情、我们的财富,应该建立在法律认可的价值观之上,只有当人情、财富与法律相互依存,才能稳固和牢靠。

换句话说,法律就是我们这个时代的权威,它代表了我们这个时代的道德力量。身为个体,面对时代权威,更需要深入探索,更需要提出问题:法律为什么这么安排?我准备怎么安排?所谓法商的精神、法商的思维,首先需要看清规则及其背后所代表的价值观,然后顺应规则,在规则下进行财富规划,从而让关系相处圆融,进而实现人生幸福。

二、为什么幸福与法律、财富管理相关？

读完上个小节，你可能会产生这样的疑惑：为什么我们的幸福会与法律、财富管理相关呢？难道不懂法，人就会不幸福吗？接下来我们就详细剖析一下这个问题。

（一）法律是规则（规定财产的所有权），给你确定感

在人类所产生过的等级社会里，几乎无一例外地强调法律神秘主义，把法律变成由贵族们独自掌握的"专利"，对平民百姓一直是秘而不宣的。法律是权贵手中的特权，他们利用法律愚弄百姓，所谓"民不知法则威莫测也"，正是缘于此。在规则不明确的前提下，自然人人都可以有自己的解释。

所以我们看到，商鞅作为战国时期杰出的改革家，在变法之初，他为了彰显自己令行禁止，贴出告示，说有能搬动南门木柱的人赏银五十两，有人自告奋勇，搬开了木柱，然后他按照承诺兑现了奖励。因而威信大增，政令得以畅通。秦国得以凭借他的耕战制度迅速崛起，雄霸关中而问鼎天下。柏拉图说："法律是命令，它的威严源于人民对它的信任。"所以法律能否被贯彻下去的关键，在于要赏罚分明，取信于民。因而孔明纵然爱才，在军法面前，也要挥泪斩马谡；曹操贵为宰相，跃马良田，也要割发代首。因为法律需要权威，无信而不立。

而今天，我们生活在一个法治的社会，法治社会就是一种规则社会，要求人人生活在同一规则之下，不因人的性别、年龄、长相等外在、非人力可控因素而适用歧视性待遇，适用不同的衡量标准。法律，就是规则统

一的最重要表现形式,"车同轨,书同文",它既明确了不同关系主体之间的权利和义务,也明确了某一事件发生时,不同关系主体所应承担的责任。

因此,当我们按照法律确定的规则进行财富安排时,当我们的安排方向与法律所认可的价值观一致时,我们自然就会获得充足的确定感,因为我们知道,这样的安排是被法律允许的,是在法律框架之下的,法律是会保护我们的。而这种确定感与安全感高度相关。我们甚至可以说,一切心理问题都与确定感有关,一切关系问题都是围绕确定感展开的,寻求确定感几乎涵盖了人从生到死生命的全部阶段:

> 婴孩依恋乳房,没有得到确定的乳房,婴孩一定没有安全感;
> 孩子依恋家庭,没有一个值得信任的家庭,孩子没有安全感;
> 择偶或寻求爱情,希望得到确定的生活伴侣,否则很难安宁;
> 我们需要工作,失去工作的人没有了根基,很容易感到漂浮。

同样,我们需要法律的保护,以确定我们的财产所有权,以确定我们对它的使用规划是受到法律允许的。唯此,我们才能在现实社会获得稳固的根基,而不至于患得患失。

(二)法律是用来调整当事人之间的关系的,它能无形地影响人

在阐述这一点前,我们先来讲个故事,这个故事曾在历史上真实地发生过。

1770年,英国政府宣布澳洲为它的领地,开发澳洲的事业如火如荼地开始了。谁来开发这个不毛之地呢?当地的土著居民人数不多,且尚未开化,只有靠移民。可正常人谁会去不毛之地、做艰苦的开荒者呢?于是,政府就把判了刑的罪犯向澳洲运送,既解决了英国监狱人满为患的问题,又给澳洲送去了丰富的劳动力,可谓双赢。

但很快人们便发现了问题:运送罪犯的工作由私人船主承包,船

上拥挤不堪，营养与卫生条件极差，死亡率高。据英国历史学家巴特森《犯人船》记载，当时平均死亡率为12%，其中一艘名为海神号的船，死亡率高达37%。这么高的死亡率不仅导致经济上损失巨大，而且还在道义上引起了社会强烈的谴责。

如何解决这个问题呢？当时英国议会研究出了两种方案：一种是进行道德说教，让私人船主良心发现，改恶从善，为罪犯创造更好的生活条件。在人们为了百分之三百的利润而敢上断头台的时代里，企图以说教来改变人性，无异于缘木求鱼，所以很快就被否决。

另一种做法是由政府进行干预，强迫私人船主富有人性地做事，比如由政府以法律形式规定最低饮食和医疗标准，并由政府派官员到船上负责监督实施这些规定。这种做法成本很高，如何去监督船上的官员秉公执法呢？所以这种方案也被否决。

就在议员们争执不下时，一位聪明的议员提出一个方案：那就是政府不按上船时运送的罪犯人数付费，而按下船时实际到达澳洲的罪犯人数付费。当按上船时的人数付费时，船主拼命多装人，而且，不给罪犯吃饱，把省下来的食物在澳洲卖掉再赚一笔，至于有多少人能活着到澳洲与船主无关。当按实际到达澳洲的人数付费时，装多少人与船主无关，能到多少人才至关重要。这样，船主就不想方设法多装人了，而是要多给每个人一点生存空间，要保证他们在长时间的海上生活后仍能活下来，要让他们吃饱，还要配备医生，带点常用药。罪犯是船主的财源，当然不能虐待了。①

这种按到澳洲人数付费的制度实施后，效果立竿见影。1773年，第一次按从船上走下来的人数支付运费，在422个犯人中，只有一个死于途中。以后运往澳洲罪犯的死亡率下降到百分之一。

在这个故事里，私人船主的人性没变，政府也不用去特别监督，只是

---

① 梁小民. 制度比人性和政府更重要 [J]. 政府法制, 2003 (3).

改变一下付费制度,一切就都解决了。哈耶克曾经说过,一种坏安排会使好人做坏事,而一种好安排会使坏人也做好事。法律制度并不是要改变人利己的本性,而是要利用人这种无法改变的利己心,去引导他们做有利于社会的事。

历史已经反复证明,法治既可以正向价值为依归,成为维护民主、自由、平等、人权、正义,保障社会公众福祉及其正当合法权益不受非法侵害的有效手段;也可以负向价值为取向,成为推行专制和压制、维护特权和私利、实行暴政和法西斯专政的工具。

所幸,我们生活在一个和平年代,法律以一种稳固的形式被确定下来,当我们在处理关系时,势必要受到这些法律条文的影响。我们举个例子,比如澳大利亚的婚姻法制度:澳大利亚婚姻法和中国的婚姻法差异比较大,在离婚财产方面主要以保护女方和孩子为主,所有婚前财产除非特地找律师公证,否则一律视为夫妻共有财产,哪怕只结婚了一天,或是同居了一年(澳洲同居一年以上可以视为事实婚姻),所有双方财产都视为夫妻共有财产进行分配。在澳洲有个"男人离婚,净身出户"的俗语。一般来说如果一个家庭有1~2个孩子,在离异的时候孩子属于女方时女方可以获得大概75%的财产甚至更多。

因此,一个正常的澳洲男性,在考虑离婚时,首先需要认真考虑自己是否有承担损失一大半财产的意愿,进而就会考虑跟修复与现在妻子的关系相比,损失这么多钱是否值得?跟流落街头相比,是否还有如此强烈的离婚意愿?所以,人们在日常的具体关系处理中,往往会根据法律的规定来自觉地调整和控制自己的思想和行为。

18世纪法国启蒙思想家卢梭有句名言,他说:"人生而自由,但处处都在枷锁当中。"社会是由形形色色的人构成的,每个人都要有相应的界限,这样才不会妨碍到他人的自由。而这种界限就是法律,就是枷锁,这就是社会契约的概念。几千年来,从古代的君权神授、奴隶买卖、刑不上大夫,到现代的依法治国、刑无等级、自由平等,这些社会概念的更迭表明世界各国正越来越注重对于契约社会的实践。正如梅因所言:"社会的进化，就是一种身份到契约的运动。"而近期随着国内一众高官的落马，也进一步彰显了我国法治进程步伐的坚定与长远。法律划定了自由的界限，但它非但没有限制自由，反而在它的光辉之下，人们可以更加自由地生活，无人可以例外。

当然，我们不是专职律师，完全不需要知道多如牛毛的法律条文，我们只需要知道法律精神，知道这种精神背后所代表的价值观和关系本质即可。而法律精神实质上就是说明关系的：

民法——调整人之间的财产关系
婚姻法——调整夫妻之间的权利义务关系
继承法——调整财产转移关系
……

因此，生活在现代社会，我们只有按照法律精神背后所代表的关系本质进行财富规划，只有在法律框架下合理运用财富工具，才是和谐的，才能获得确定的安全感，进而获得人生幸福。

三、什么是法商？

谈完法律与幸福、财富管理之间的关系，我们来聊聊究竟什么是法商。其实就是一句话：法是规则，商是智慧，法商就是在规则内安排财富的智慧，它的本质就是安排好我们人生当中最重要的几组关系。

所以，法商主要解决一个问题，即关系的圆满。我们在前几节已经提到过，人真正的幸福来源于关系的圆满：当我想到我的孩子时，我很骄傲；当我想起我的爱人时，我很甜蜜；当我想到我的养老时，我很踏实；当我想到我的企业时，我很轻松……这几种与我们身边最重要人或事的关系，能够给我们带来绝大部分的幸福感。但事实上我们很难做到，这往往是因为我们在财富关系中处位不当，这就是我们需要调整和规划的部分。

我们需要利用法商所体现的关系、原则来调整关系，反过来看，也可以看下"我的关系"是不是跟法律表达的关系一致。金钱是流动的，法律是确定的，爱是永恒的。法商就是用法律的精神安排我们与自己身边最重要的人和"人"的关系，用金钱和法律为爱作后盾。

而法商给我们带来幸福的逻辑线索应该是：根据法律把钱放在该放的位置—给我们确定感—带来幸福感。

因此，在后续章节，笔者将首先为大家阐明法商所体现的正确的关系本质，主要包含三组关系：我与配偶的关系、我与子女的关系以及我与企业的关系，并按照法商思维下的关系本质，为大家进行财富规划，以便让我们制定的规划完全符合法律、财富和幸福的内在关联，最终实现最大程度的幸福。

四、法商的核心是透过法律安排关系的序位

在本章的最后,笔者还想跟大家谈一谈法商的核心思维。最近市场上出现了很多部关于法商的著作,内容基本都在讲如何通过法律,来保护或规划私人财产,核心点都是财产权的保护。换句话说,就是怎样让这个财产是我的,或者是我这个家族的。潜台词就是我们要小心提防除我之外的人,或者我家族之外的人。

在改革开放40多年中,因为政策、环境的影响以及法律执行的滞后性,一部分高净值客户或多或少涉及过一些灰色地带,也就是我们常说的"原罪"。如果面对此情形,以法律为核心进行规划,基本是无解的,涉及的法律条款也浩如烟海,普通人基本上不可能掌握。

笔者在为高净值客户做服务的十几年间,最大的认知感受就是真正的核心既不是财富,也不是法律,而是客户的一种感受,换句话说就是幸福的感受。所有的财富配置、法律安排都是为了让我们更快乐、更安全、更满足,都是为了我们和身边最重要的一些人(包括企业法人和政府)关系圆满,所以笔者认为法商首先是关于幸福的智慧。

法律和财富是幸福的两个非常重要的支点,理解法商不需要了解那么多法律条文,关键是了解法律的精神。法律是几千年来智慧的结晶,它为我们规划出了正确的关系序位,只要处位得当,我们就很容易找到幸福的感觉。而对于中产客户和高净值客户而言,财富最重要的是属性,根据财富的属性进行配置,而不仅仅是追求增值追求回报,再结合法律,才能真正实现我们的目的,这是一种智慧。

很多人想到法律，就想到大量的法律条文，想到的是艰涩难懂，立刻就放下了学习的勇气。其实法律没那么复杂。法律是人类经验的累积，它凝聚了很多代人的智慧，只是必须用非常准确的方式表达出来而已。学习法律首先是理解法律的精神，理解了法律的精神，再看法条才会觉得很简单。对于非法律从业人员来说，只需要了解法律的精神就好了，神奇的是，按照法律精神做事情，往往会事半而功倍。

德国著名哲学家康德就曾说过："法律的意义在于协调。"协调矛盾以增进大多数人的幸福，这是判断法律是否务实的标准。所以当民风钻营之时要用重法；当民生凋敝之时要用薄刑。春秋战国礼崩乐坏，所以秦用申韩之道革弊鼎新，终而一匡天下；西汉初年百废待兴，所以文景帝用黄老之术与民生息，终开一代盛世。正如子产所说："政宽则民慢，猛则民残，宽猛相济，政以和。"所以暴秦仁义不施，最终二世而亡；而西汉注重协调，文景之后武帝整顿吏治，酷法严刑，最终文治武功，国运昌隆。因而，法律的目的之一在于协调矛盾，稳定秩序，一旦失调则必然乱政。

所以，从这一层面来说，法律主要解决两类问题。第一类是我们和政府的关系。这个基本上是单方面的，比如税法，应该交什么税、怎么交，政府会定出规则，人们遵守就好了。以前国家信息不发达，很多人不交税，所以税法规定很严格，税率比较高，但在实际操作中却往往抓大放小，交多少税，很多是谈出来的。现在金税三期上线了，国税、地税合并了，全面准确征税的条件具备了，国家就会减税，但是就可能无法避税了。

在这种现实条件下，我们按照国家条文交税就不会出错。我们不要想着去质疑政府，为什么要出这种规定呢？政府有自己的原则和立场，它有权力制定这些规则，也许你在那个位子上也会做同样的决定。我们不可能改变政府的政策，所以遵循政府的政策就好了。我们用质疑政府的时间和精力，去做一点有意义的事情，可能赚到的钱更多。

第二类问题是调整平等法律主体之间的关系。譬如我们和其他自然人、我们和企业的关系。这部分法律很多年以来变化都不大，基本是人类智慧的结晶，譬如公序良俗、公平正义、平等等。

我们只要从这些角度去看法律，就很容易弄明白。和我们老百姓有关的最重要的法律有三部：

第一部是《中华人民共和国民法通则》，讲的是最基本的原则，通俗地说就是公序良俗、公平、平等；第二部就是《中华人民共和国婚姻法》，婚姻法重点规范夫妻之间、父母子女之间的关系，简单地说，就是夫妻关系是平等的、自由的和排他的。那么怎么保证平等、自由和排他呢？会从程序上、财产权利上予以保证；第三部重要的法律就是《中华人民共和国继承法》，其实继承远远比大家想象的复杂，国家允许我们用各种方法提前做好财产继承与传承（传承工具的使用，有些是免税并且可以指定受益人的，譬如遗嘱，可以提前对自己的财产进行安排），只有我们什么都没有做的时候，才会用到法定继承，而法定继承是相当麻烦的，因为法定继承需要照顾的人和事更多，更多体现的是公平和严谨。

作为高净值群体还需要了解的法律是《中华人民共和国信托法》和《中华人民共和国物权法》。《中华人民共和国信托法》为高净值客户创造了很多种管理财富的法律模式，本身就是为高净值人群量身订造的。因为高净值客户有很多财产，牵涉很多财产性权益，所以大致要了解一下物权法的基本原则。

为什么按照法律精神做事情，我们往往就会事半功倍呢？因为民事法律，本质上是为了调整"关系"的，通俗说，就是我和配偶是什么关系？我和孩子是什么关系？我和我控股或者参股的企业是什么关系？我和身边有生意往来的"人"（包括法人）是什么关系，等等。有关系就有"序位"，序位就是指"安排位次"。

什么是序位呢？我们可以通过台湾一位知名心理学专家的一次沙龙来直观感受：

沙龙主题是"家庭系统排列——给你幸福的家"。

什么是家族序位呢？为了方便大家理解，邱老师采用现场人物实际扮演家庭角色的方法，形象生动地将家庭不同序位演绎了一遍，让人感受深刻。别小看家庭序位的排列，它真是关乎一个家庭和谐、幸福的大事！

邱老师设置的场景是，家里有两个孩子，儿子大，女儿小。

场景一：爸爸排第一，女儿排第二，儿子排第三，妈妈排最后（见图2-1）。

这样的排序，助长了女儿把哥哥、妈妈不放在眼里的坏习气；导致女儿与爸爸亲，儿子与妈妈亲，夫妻关系疏远。

图2-1　场景一的排序

场景二：妈妈排第一，儿子排第二，女儿排第三，爸爸排最后（见图2-2）。

这样的排序，妈妈在家里说了算，妈妈把儿子当作家里的主心骨，有事跟儿子商量，老公基本不参与家里的事。儿子娶妻后，家里排序是这样：妈妈排第一，儿子排第二，媳妇排第三，女儿排第四，爸爸排最后。

儿子、媳妇都听妈妈的话，爸爸没有地位。

媳妇有孩子后，家里排序是：妈妈排第一，儿子排第二，媳妇排

图 2-2　场景二的排序

第三，孙子排第四，女儿排第五，爸爸排最后。

媳妇只跟孩子亲，因为丈夫听婆婆的话，媳妇心里不舒服。

女儿一看家里没人重视她，很大的可能是住校，到外地上大学，因为在这个家里，妈妈只对哥哥好，唯一对她好的爸爸，在家里没有地位。

这样的恶性循环，肯定导致家庭的不和睦。

家庭里的正确序位原则是：男人优于女人，父母优于孩子，长子优于次子。

在孩子的世界里，爸爸是顶天立地的，也就是孩子的天。爸爸给家庭安全感，是家庭的重要人物。在这里，一家之主的男人就是天，这个天给孩子创造力和开拓精神。

将家庭的男主人地位放在第一位，也符合中国传统家庭排序，女人尊重男人，男人保护女人和孩子，这是男人的职责和力量。

如果将男人的位置放在最末位，孩子的安全感会降低，当然男人的自信和担当能力也会受到影响。因此，妻子和孩子对男人的尊重和信任非常重要。

而家庭中处于第二位的应该是妻子，也就是孩子妈妈，女人给家庭幸福感和温暖的感觉。

女人将家里打扫得很干净，做出可口的饭菜，老公经常的夸奖就是感觉家里很温馨、很温暖。

女人要尊重丈夫，尊重丈夫的原生家庭，接受丈夫的原生家庭，无论是生活习惯还是文化氛围。接受丈夫的原生家庭，自然也就尊重了丈夫。

无论女人的社会地位多高，挣钱多寡，看起来好像是传统观念，也许有些女人不认可这些观点，可是这样做对孩子的成长有许多好处。

孩子尊重接受爸爸，带给孩子许多的开创性，对孩子将来的事业具有很大的意义。孩子具备的胆量，眼光的前瞻性，都有深远的影响。

孩子的家庭地位，应当是第三位的，夫妻关系永远是第一位的。

家庭序位正确，呈现和睦和谐，家庭幸福美满。

当然，这位邱老师的家庭序位排列结论是基于她从心理学角度出发所作的分析，这不是在主张男尊女卑，也不是否认男女平等，仅仅只是探讨不同序位对家庭成员影响的一种研究，是心理学概念的延伸。

理解了何为家庭序位，我们再回过头来看法律，就会发现法律的本质就是安排关系的序位。比如《婚姻法》对家庭关系安排了明确的序位，在《婚姻法》里，夫妻关系是平等的、自由的和排他的，《婚姻法》用婚后财产共同所有制保护夫妻的平等权，同时又允许夫妻安排婚前财产和婚后个人财产，来保护夫妻双方的自由，此外，还通过一系列法律规定了婚姻的排他性。

而关于父母与子女的关系，在《婚姻法》里，则被分为三个阶段，第一个阶段是抚养关系，这个阶段，父母有义务抚养孩子、管教和保护孩子，孩子的风险（譬如大病、孩子对他人财物造成损害，父母应承担赔偿责任等）也由父母承担；第二个阶段，孩子成年了，父母与子女的关系就是平等关系，在法律上属于独立的个体，譬如相互都不用承担法律上的连带清偿义务（没有父债子偿的规定）；第三个阶段是父母老了，孩子对父母负有有限的赡养义务。不同阶段，关系不一样，我们就要遵循这一阶段关系的序位，譬如在孩子成年之后父母学会放手，因为彼此是平等的，这样才能让孩子真正地长大。

  这些关系在财富配置中也至关重要，这既是法律给我们安排的序位，也是人类智慧的结晶。夫妻和父母子女之间的亲密关系会首当其冲地影响到我们幸福的感觉。后面的章节会重点阐释这些内容。

第三章
财产安全的核心是规划好"确定的钱"

人生的所有金钱，不外乎是四种『钱』，这四种『钱』每种都有自己独特的功能和价值，而财富规划的本质就是对这四种『钱』进行合理的处置和分配。在进行财富安全规划前，我们需要首先了解金钱的四种形态。

金钱是怎么来的？人类最早发明的"金钱"，据考证是大约公元前3000年苏美尔人创造的"麦元"，即用固定数量的大麦充当交易媒介，来换取其他货物和服务，这时的"金钱"作为交换工具还具有实用价值。

在此后数千年间，贝壳、牛角、金银铜等轮番登场，它们作为一种交易媒介，在人类世界迅猛发展起来。在货币秩序建立过程中，"钱的概念"的发明也许是人类历史上最有影响力的发明。以色列史学家赫拉利在他的著作《人类简史》中曾提出：

> 金钱在全球范围内建立起了有史以来最普遍也最有效的互信系统，"人人都想要"是其最基本的特性，但它们的价值不存在于现实的物质中，而是虚拟的想象中。

在他看来，金钱的诞生和创造并不是科技上的突破，而是理念上的革新。无论贝壳也好，钞票也罢，它们作为物品本身并没有太大价值，尤其后者，无非是几张颜色鲜艳的纸而已。但通过建立一种全人类都认可的信任体系，金钱把心理上的想象转变为对物质世界控制能力的数量化表现。而且这种信任体系并非一蹴而就，而是在经济、政治、社会网络中慢慢发展壮大。随着金钱制度的演进，人类逐步建立起两大原则：万物可换和万众相信。① 由于每一个人都相信金钱可以转化成任何一种其他商品，故自此以后，商业贸易在世界上几乎任何两个陌生人之间都可以顺利开展。譬如几乎每个中国人都喜欢人民币，并非因为这种纸张很好看、很珍贵，而是因为其背后的互信系统使其有了象征意义，从而产生价值。

到了现代，全世界已经形成了单一的金钱货币区，起初用黄金和白银，后来再转变成少数几种有公信力的货币，如英镑和美元。在出现了跨国家、跨文化的货币区之后，终于奠定了整个世界统一的基础，最后让全球都成了单一经济和政治领域。虽然各地的人们还是继续讲着不同的语

---

① ［以色列］尤瓦尔·赫拉利. 人类简史：从动物到上帝［M］. 林俊宏，译. 北京：中信出版社，2014.

言，服从不同的统治者，敬拜不同的神灵，但都信服着同样的黄金白银、英镑美元。

在所有人类创造的信念系统之中，只有金钱能够跨越几乎所有文化鸿沟，不会因为宗教、性别、种族、年龄或性取向而有所歧视。从这一点上来说，金钱是迄今为止人类创造出的最公平的东西，当我们合理运用金钱、科学进行规划，金钱总会回馈给我们同等的回报。所以，在进行财富规划前，我们首先要做的，是先看清金钱的本质和金钱的形态变化，这是我们进行财富规划的基础。

一、金钱的本质：金钱的四种形态

笔者根据自身对金钱的理解，根据金钱在现代社会所展现出的不同属性，把金钱分为四种形态："活钱""定钱""赚钱"和"专钱"。（见图3-1）

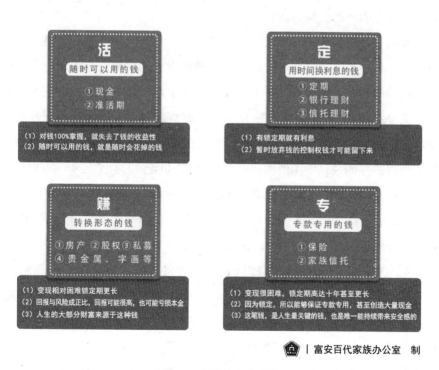

图 3-1　金钱的四种形态

第一种形态叫"活钱"，是随时可以用的钱，我们口袋里的现金、支付宝或者微信里的零钱余额、我们借记卡上随时可以支取的钞票等，都属于这种钱。这种钱的特点是：（1）随时可以查询余额；（2）随时可以支配；（3）不容易留下来，容易花掉、被借贷、冲动投资；（4）回报低，跑不赢通货膨胀。

我们对这种钱具有百分百的掌控力，不管是逛商场、下馆子，还是做美甲、买包包等，只要我们愿意，随时都可以花掉。正因为我们对这种钱百分百掌控，我们就失去了这种钱的收益性，它的购买力是一定的，我们日常的花销、即时性消费等，一般都是用这种钱。

第二种形态叫"定钱"，定就是有锁定期的钱、用时间换利息的钱，包括银行定期、固收投资、信托理财等。这种钱的特点是：（1）锁定期的钱支配受限制；（2）会有一部分利息；（3）不一定能跑赢CPI涨幅；（4）钱转化为定的形态，是财富积累的开始。

我们一旦把钱变成了"定钱"，我们对它的支配就将受到限制，比如我们买了某一款银行定期理财产品，不到期限就无法取回，而银行则获得了一段时间的金钱使用权，等于是我们放弃了对金钱一段时间的完全控制权，来换取收益。"定钱"往往是一个人财富积累的开始，因为他在满足基本生存之后，有了结余，并开始准备把结余的钱存下来，为未来做打算。值得一提的是，中国的国民储蓄率从20世纪70年代至今一直居世界首位，截至2015年，中国储蓄率仍高达46%，而全球平均储蓄率仅为19.7%。虽然这种储蓄多为"积谷防饥"的"预防性储蓄"，但从数据中，我们仍能看出"定钱"在中国家庭财富中所占有的无可比拟的地位。

第三种形态叫"赚钱"，赚就是用于投资的钱，是转换了形态的钱，它往往会转化为股权、房产、投资品、具体项目等。这种钱的特点是：（1）高回报、高风险；（2）回报周期比较长；（3）投资期间内变现困难；（4）人生大部分财富来源于这种钱。

这种钱变现相对困难，锁定期也更长，而且对我们提出了较高的风险控制要求，如果对风险判读出现偏差，轻则资产缩水，重则损失本金。它往往跟我们个人的能力、所掌握的社会资源、所处的社会阶层等直接相关，我国的高净值人士，大多是在这种钱的把握上快人一步，依靠敏锐的市场洞察力和决断力，赚取了远超于常人的财富。

第四种形态叫"专钱"，它是专款专用的钱，也是"确定的钱"，如保险和家族信托等，它是我们进行财富规划的关键，与我们的人生愿望、财富保障、传承规划等紧密相关。这种钱的特点是：（1）钱的控制权和所有权发生转移；（2）只有特定时刻才能使用；（3）提前使用损失很大；（4）人生的安全感往往来源于这部分钱。

一旦手中持有的财富变成这种"专钱"，那么金钱的所有权就会发生转移，比如说你购买了保险，钱的所有权和使用权就已经不是你的了，在你签订保单合同的那一刻，所有权和使用权就已经属于保险公司了。按照合同约定，赔付保险金就是保险公司对占有了你这笔钱所有权和使用权的补偿。

同时，这种钱的锁定期往往高达10年以上，变现很困难，且一般都提前设定好了使用目的，回报非常明确，能够完全保证"专款专用"。比如在年轻的时候每个月拿出一小部分收入来买养老保险，既起到了"强制储蓄"的作用，又能做到"专款专用"，保障自己的老年生活无忧。

在为高净值人群做财富规划时，我们往往将专钱这种"确定的钱"作为规划中最重要的部分。为什么"确定的钱"的规划非常关键？

因为这笔钱能带给我们确定的安全感，我们的焦虑基本来源于对未来的恐惧，包括或然和必然的风险，如果我们将风险一条一条列出来，再有针对性地解决，我们会获得相对的安全感。

我们可能会碰到的风险主要有"病残亡"，通俗地说就是得了大病怎么办？英年早逝，亲人怎么办？万一意外伤残了，未来的生活怎么办？等等。

这个部分主要由保险来解决。对于普通中产阶级而言，天堂和地狱往往就是一个风险的距离，这个账户的规划，本质目的是为我们创造一大笔钱，以应对可能发生的风险。对于高净值客户而言，同样很关键，这是用可控的支出（譬如保费）去应付不可控的损失，是一种分散风险的手段。

我们必然会碰到的风险是"生死"，核心内容是抚养子女和自己的养老。抚养子女需要大量的钱，其中大学教育金和婚嫁金分别决定孩子未来工作的起点和婚姻的起点，这两笔钱必须用合适的方式准备出来，同时又必须是"钱等人"的资产，换句话说，是到时候一定有钱。养老也是我们大概率要用到的钱，关键是活着就必须有。这两部分钱往往也主要由保险来解决，有条件的高净值客户可以辅助保险金信托和家族信托来解决（这里一定普及一个观念，对高净值人士来讲，保险一定是刚需）。

其实，除了这些共同的风险之外，高净值客户还有生涯风险，譬如婚姻生活风险、债务风险、法税危险和传承风险（见图3-2）。这些也需要提前规划，并且是完全可以按照我们的意愿进行规划的。

图3-2 生活中的风险

"确定的钱"的规划除了可以帮我们分忧之外，更深层次的意义是这些风险涉及的都是我们最亲近的人，而我们绝大部分的幸福感来源于和他们的关系处理。笔者曾经问一个中产女性朋友：如果你得大病需要100万~200万元医治，这意味着你爱人和孩子的生活将从此发生改变，你愿意医治吗？她很久没有说话。

永远不要试图去考验人性，也不要让自己陷入一个直面自己欲望的火炉中，因为那时候你会发现，我们根本没有自己想象中那么正直、良善和清心寡欲。就像一个人饿急眼了去偷面包吃，你和他说"偷是不对的"有意义吗？因为答案很简单：他饿！

一个有钱人曾对笔者说："我老公不让买保险，如果我有病他一定会给我治疗的。"笔者相信丈夫不会抛弃自己的爱人，但是倘若卧病三年、五年甚至十年呢？那时候就知道什么是对人性的考验了。所以，我们都应该小心翼翼地努力，借此令自己和自己的爱人有一块足以抵御人性之恶的

"空间和能力"。不要用金钱来拷问人性,这太残忍。相信自己经不起考验,然后努力让自己尽可能地避免陷入那直面人性之恶的境地。提前做好安排,由保险公司去支付这笔费用,每年的代价也许不超过1000元。

所以,本章主要会带领读者用金融工具做好"或然风险"和"必然风险"的规划,帮助我们实现对子女、对父母、对配偶的尽心承诺,达成老有所养、病有所医、爱有所续、幼有所护、财有所承的财富目标。让幸福成为一切的答案。

"生涯规划"的风险则会放到之后的章节探讨。

二、或然风险——"病、残、亡"的规划

我们假设生命就是一条线段,从 0 岁我们降临世间到晚年撒手离开,这期间可大致划分为三个阶段(见图 3-3)。第一个阶段我们称之为"无能期",跨度为 0~25 岁,在这个阶段,我们在父母的保护下长大,多数人的生活费用由父母承担;第二个阶段我们称之为"能力期",跨度为 25~60 岁,这是人生的黄金阶段,我们为事业奋斗,为获得更好的生活而努力,这个阶段也是人生的重大责任期,上有老下有小,都需要妥善安排;第三个阶段我们称之为"无力期",60 岁之后我们开始步入退休生活,子女和储蓄成了我们生活的依靠。

而不论哪个阶段,都离不开衣食住行,人生就是一个漫长的消费过程,所以我们可以用一条曲线代替,作为支出线。但是,我们挣钱的时间是有限的,一般都集中在 25~60 岁这段奋斗时期,这就是我们的收入线。在能力期内,我们需要陆续完成人生中的大事,买房买车、创业成家、生儿育女、赡养父母等,除去这各种开支剩下来的盈余,就是我们这一生的"财富蓄水池"。

所以你看,当我们用简单的图表量化我们的人生时,一切就都变得简单明了。之前笔者曾看过一组数据,内容大概是说:假设在 30 岁的时候有 100 个人,在这 100 个人中,能平平安安活到 60 岁,退休安享晚年的有多少呢?

结论颇有些让人意外,大概还有 84 人。因为疾病、意外的高发,大概只有 84 个人能活到 60 岁。具体而言,30 岁到 40 岁大概会走掉 2 个,40

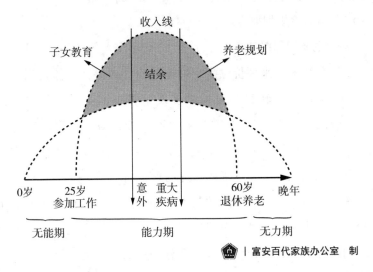

图 3-3 人生三个阶段

岁到 50 岁大概会走掉 4 个，50 岁到 60 岁大概会走掉 10 个。

这 16 个人可能就是你我身边的同龄人，我们也可以称之为英年早逝吧。接下来，这 84 个人又可以分成 2 组数字，分别是 48 和 36。

这 48 个人人生的前半部分很拼命，劳累了一辈子，身体不太好，亚健康。这部分人陆陆续续能活到 70 岁左右，另外这 36 个人是比较幸运的，可以平平安安安享晚年，可以活到 80 岁甚至 90 岁。

这三组人群，一旦风险发生在他们身上，他们的家庭将会产生什么家庭财务担忧呢？首先，这 16 个人一旦离开，他们的家人还要继续生活，家人依然会有生活费的支出，小孩还要上学，有教育费的支出，老人也还要养老，还需要养老的一笔钱，还有房贷、车贷等。接下来这 48 个人因为身体不太好，优先要考虑一笔医疗费用的支出，其次，也需要养老的费用。最后，这 36 个人，他们的晚年同样有担忧的问题，晚年比较长，所以有可能人生前半段赚的钱不够花，没法保证生活品质，而随着年龄越来越大，也会有一大笔医疗的费用。

现在，我们先来看看在我们人生的第二阶段"能力期"内，怎样重点聚焦和规划三大风险：大病风险、死亡风险和残病风险。

（一）大病风险规划要点

大病风险主要用保险来解决，这已成了现代人的共识。在医学领域，常常用"5年存活率"来评价癌症或肿瘤的治疗效果，具体是指一个患者患癌后，一般情况下，转移和复发大多发生在根治术后三年之内，约占80%，少部分发生在根治后五年之内，约占10%。所以，如果各种癌症、肿瘤根治术后五年内不复发，再次复发的机会就很小了。所以人们也往往把5年生存率当做癌症康复与巩固治疗的黄金期。

如表3.1所示，全球顶级医学杂志《柳叶刀》曾发布全球癌症生存趋势监测报告，报告显示，虽然全球癌症5年生存率均有提高，但各个国家和地区之间仍存在很大差距。对于大部分癌症而言，美国等发达国家的癌症生存率普遍高于亚洲国家。就中国而言，目前各类癌症的5年生存率均与其他国家存在一定差距，甚至在黑色素瘤、前列腺癌以及血液肿瘤等癌症上，我国的5年生存率只有发达国家的一半。

表3.1　　　　　　　　全球癌症生存趋势监测报告

	全球	美国	日本	中国
实体瘤				
前列腺癌	70%~100%	97.4%	93.0%	69.2%
黑色素瘤	60%~90%	90.8%	69.0%	49.6%
乳腺癌	70%~90%	90.2%	89.4%	83.2%
儿童血液肿瘤				
淋巴瘤	80%~95%	94.3%	89.6%	61.1%
急性淋巴细胞白血病	50%~90%以上	89.5%	87.6%	57.5%
成人血液肿瘤				
淋巴瘤	40%~70%	68.1%	57.3%	38.3%
骨髓瘤	30%~50%	46.7%	33.3%	24.8%

基于此，有人曾做过统计，如果一个患者患胃癌后，不用担心经济压力，不用考虑治疗费用和成本，能够持续接受有效治疗，那么有超过一半的人能存活五年以上。所以，针对大病风险，一定要提早规划。

我们需要考虑的是两个费用，第一是医药费，第二是康复费和收入损失。

医药费主要用"百万医疗"和"海外医疗"等消费型产品来解决。2018年初，一篇"雾霾下的北京中年"刷爆朋友圈，一个感冒花费了百万医疗费，让一个北京中产家庭差点破产。现在的技术手段越来越先进，有治疗的可能性，我们究竟治还是不治呢？这个问题是抛给家属的！每一个大病，都有一个躺着的病人，一些站着的家属，究竟谁更痛苦呢？"不要用金钱来拷问人性，这太残忍。"严重的病，需要的医药费越多，自费部分也就越多，到后来可能是一个天文数字。

生老病死乃是人之常情，但面对终将会来临的大病，我们只有两种选择：一种是选择用自己的钱应对，比如存款、房产、车子、亲属的钱等；另一种选择是用我们配置的保险杠杆所产生保额的钱。

所以，在准备大病钱时，我们最好的选择就是保险，用保险来建立我们的大病杠杆账户和风险转移账户，杠杆账户就是重大疾病保险，我们可以用10~30年把这个账户存满，相当于每年存一粒芝麻，如果生病，我们就会得到一个西瓜，如果不生病，皆大欢喜，我们也会发现自己攒了一堆芝麻；而风险转移账户就是把医疗费用转嫁给保险公司，让保险公司来承担我们生大病的风险。

在这里需要跟大家强调，对高净值人士来说，保险是刚需，是必须要配置的账户，这其中，重疾险又是配置一切保险账户的起点。其实，重疾险本身并不是保险公司发明的，第一份重疾险的发明者是南非的马里优斯·巴纳德博士，他的职业是一名医生，他的哥哥克里斯蒂安·巴纳德正是世界首例心脏移植的手术实施者。

这里面有一个小故事：

巴纳德医生曾为一名34岁的离异女士看病，她独自带两个孩子，感觉身体状况很不好。检查结果出来后，发现她罹患了初期肺癌，巴纳德医生通过手术切除了她的肿块，最终手术非常成功。

可没过2年，这名女士又来了，她被检查发现出癌症复发并且已经进入晚期。对此，女士的回答很无奈："手术已经花光了我的积蓄，还得维持后续治疗，我有两个孩子，我如果回家好好休息不工作，谁来养我的孩子？"

听完女士的解释，巴纳德医生沉默了，并陷入了深思。作为医生，他的确可以利用精湛的技术来挽救病人的生命，但是治疗的费用、康复的费用、工作收入的损失他却没有办法解决。如果挽救病人的生命，却导致病人家庭状况变得极为困顿，那么挽救他究竟是对还是错呢？

此后，巴纳德医生在南非创立了全球第一个重疾险品种，并把它向全世界推销。大概在20世纪90年代初，重疾险开始出现在中国保险公司的销售险种中，并开始不断发展。到今天，重疾险所包含的重疾种类已经几乎囊括了所有的常见疾病。而面对不断高涨的疾病发生率，各大保险公司也在不断调整策略，比如癌症险的体检和准入门槛越来越苛刻，肿瘤险、心脑血管疾病险种的保额一降再降，这些都充分说明，当癌症等重疾成为中国家庭避不开的新常态之后，重疾险的配置显得越发重要。

现在市面上其实有很多"百万医疗"保险，报销的额度在几百万，费用才几百元，几百元我们出得起，几百万元我们出不起，这种消费险就是用可控的财务成本去转移不可控的医疗费用。如果父母还在可保范围，最好也加一份。从2018年开始，国内主流保险公司还推出了海外医疗保险，承担出国治疗的各种费用，费用并不高，40多岁的人，每年也就2000元，应该成为中产的选配、高净值客户的标配。

康复费和收入损失主要由储蓄类的大病保险解决，可以用定期消费型的大病险作为补充。

为什么储蓄类的大病保险是基础呢？因为这是一个比较大几率会用到的钱。在退休前得大病，对家庭的影响很大，那么退休后得大病呢？有一笔充足的、专用的钱，可以不用拖累家人。如果一辈子平平安安，百年后给孩子留一笔钱，也是不错的选择。为什么消费型的定期类大病保险是补充呢？消费型的定期大病保险可以在责任期内（上有老、下有小），有效地提高保障额度，这个功能很好。

　　但是由于人性的弱点，买了几年，如果发现没有出事，很少有人能够坚持买，所以这个只能够优先补充。

　　关于配置大病保险有两个建议，第一就是越早配置越好，一方面，越早配置，同样的保额，需要的钱越少。由于大病保险主要存20~30年，每年涨价的费用乘以20或者30，往往就是一年的保费了。另一方面，越早配置，越容易核保通过。因为身体不好，是无法购买大病保险的。很多人觉得现在年轻，身体很好，不着急，但年纪大了，身体不好，就永远买不进去了。所以大病保险只能在"不需要"的时候购买，因为真的"需要"的时候，就买不了了。

　　第二，大病保险不用一步到位，可以不断增加。随着CPI的持续上涨，一定会让钱越来越不值钱，大病保险肯定跑不赢CPI。但是，因为保费是分了很多年陆续存入的，存入的钱其实也越来越不值钱。如果我们不断地增加大病保险，保额会不断增加，不会随着时间推移，保额不够。

　　另外，这里要跟大家讲一个误区，就是很多高净值人士对保险的认识有限，认为自己手头充裕，即便大病来临也不怕，这其实是一个相当大的误解。保险本身是非常好的金融工具，在面对大病时，它的高杠杆和风险转移能力，是其他金融工具无法比拟的。而且，不论你买不买保险，都已经投保了，只不过看你是向保险公司投保，还是向自己的腰包投保；一旦出事，是花保险公司的钱，还是花自己辛苦挣的钱。

　　（二）残疾风险的规划要点

　　有一种风险被很多人忽视，就是残疾的风险。残疾的形成可能是先天的，可能是后天的，可能是因为意外，也可能是因为疾病，核心点是生活部分或者全部不能自理，劳动能力较正常人差很多。严重的残疾人在不能够工作的同时，还需要专人全职的照顾。

统计资料显示，在中国有接近 1 亿残疾人（有专门的残疾等级划分，一级到十级，共 281 项），其中盲人就有 877 万，这个比例其实是相当大的。

残疾风险是通过意外保险来规划的，意外保险有两种，一种是保十级 281 项残疾，如果发生残疾，可以按照残疾的等级进行赔付，最低可以赔付保额的 10%。这个意外是每个人都需要配置的，每万保额大约需要 20 元，100 万大约需要 2000 元。大家可以理解为，这个是给人的"车险"，出了事可以修，残疾了可以赔。这种意外险还可以附加意外伤害保险，就是报销用于支付产生的医疗费，都是交一年，保一年。第二种意外险就是总保金险（一级残疾或死亡），市面上充斥着这种产品，每年 1000 多元，存 10 年，还可以返本，这种可以用作残疾风险的补充。

（三）亡故风险的规划要点

江湖中总有这样的传言，内容是说，在飞机遭遇危机时，空姐就会给每位乘客发放笔和纸，要求大家写下个人遗嘱，最后把遗嘱收起来放在黑匣子里，这样便能保证大家所写遗嘱能够被搜救人员发现，从而传递给家人。这个传言，不知真假，笔者未曾经历过，但我们不妨设想一下，假如有一天我们身处那样的险情之中，你会写下一份什么样的遗嘱呢？你还有哪些生命的遗憾没能弥补呢？

如果静下心来想一想这个场景，你会发现，我们所立下的遗嘱，几乎都是关于我们最亲的几个人的：我们的父母、配偶、子女，还有我们的企业，而我们的遗憾也几乎都跟他们相关，不论是身为丈夫，没能陪伴妻子到老，还是身为父母，没能看着孩子长大，这些遗憾是我们生而为人的天性所决定的。从这点上来说，我们建立和规划死亡风险、准备家庭责任准备金，其实就是为了让爱没有遗憾，让我们即便面临险境，也不会担心至亲流落街头、无所依靠。

因此，笔者将死亡风险规划、准备家庭责任准备金看作人生当中最重要的财富规划,因为它不仅是我们肩头责任的具体体现,还是一种文明的善意安排,更是达成关系圆满的必由之路。

案例:

一只玻璃杯的故事

"男人就是玻璃杯,女人就是玻璃杯中的水,如果玻璃杯掉在地上,覆水便难收。"

这是一个姑娘在某香港保险会议上说过的话,在这类会议中,只有销售业绩靠前的人,才有机会站上领奖台做分享交流,而这个姑娘是那一年香港地区的销售冠军。

当姑娘走上讲台时,手中带着一只装满水的玻璃杯,下面的听众都很诧异:她要做什么,为什么要带只玻璃杯?突然,一声清脆的声音打破沉寂,玻璃杯在众目睽睽之下碎落在领奖台上。听众便更加不解了:她怎么会犯这种错误呢?要知道能在香港做到销售冠军的人都是千里挑一的人中龙凤啊。这时,姑娘开口了:"我很明白保险的作用,男人若是玻璃杯,女人就是玻璃杯中的水,如果玻璃杯掉在地上,覆水难收。"

原来,她只是想以这样的开头来分享她的故事……

她本是个在家带孩子的家庭主妇,而丈夫是一家上市公司的高管,拿着体面的收入,一家人生活幸福。并且那时的他们已经按揭了一套别墅,在香港的生活质量早已达到中产以上,他们原本以为生活会一直这样安逸幸福下去。

但天不遂人愿,由于丈夫长时间背负沉重压力,年纪轻轻便猝死了,看着两个嗷嗷待哺的孩子,那姑娘不得不自谋生计。但一个家庭主妇哪儿这么容易重新走上社会呢?面对还贷压力,她不得不把别墅卖了,再换一套小两居室,之后,她发现压力还是很大,就换成一居室,自己去外面打工。

到最后，她只能住香港的"笼屋"，待一位老友再见到她时，见此情景，心中十分难受：为什么她会变成这样呢？出于同情，朋友介绍她进入保险行业，并告诉她：这个行业只要你肯努力，一定会取得不错的收入。

也就是这么一试，这个姑娘的生活才出现转机，那一年她拿下香港保险销售的桂冠，站在领奖台上的她说："我幸好在那个时候碰到了这个朋友，我还没变得覆水难收。生活还要继续，现在我还能避免其他家庭重蹈我的覆辙，我感到十分幸运……"

在这个故事中，这位姑娘最终依靠努力拼搏迎来了生活的转机，但是，在她的反面，恐怕还有千千万万个在意外突然来临后瞬间跌落谷底且没能实现翻身的家庭。人是财富的创造者，没有人的保全，也就没有财富的积累，著名财经作家梁凤仪曾说过："身体好比数字1，事业、家庭、地位、钱财则是0；有了1，后面的0越多，就越富有；反之，没有1，则一切皆无。"

人的保障比财富的保障始终更重要，就像故事当中的这位姑娘，如果她的丈夫提前为自己的人身风险做好规划，也就没有她含辛茹苦的这段艰难时光了。所以，在做死亡风险规划时，就需要为身边最亲的人准备好家庭责任准备金，下面我们分别进行阐释。

1. 配偶：一生中最亲密的人（生活仍要继续）

上帝曾对亚当和夏娃说："人要离开父母，与另一半结合，二人成为一体。"在所有亲密关系中，伴侣应当是与我们自身联系最亲密的，父母与孩子终究是一段指向分离的缘分，而与我们能携手一生的，只有伴侣。

在电影《喜剧之王》中，周星驰一句"我养你啊"，让张柏芝，也让万千人感动流泪。在爱情里，最令我们动容的，莫过于相濡以沫共甘苦。然而现实却总不尽如人意，面对不可知的未来，倘若不提前考虑自身的风险，便很容易让爱留下遗憾。

如果你扮演着家庭经济顶梁柱的角色，那么就意味着你将承担起照顾家庭的责任，无论你有多么强大，有两件事是控制不住的，一是疾病，二是意外。但我们可以提前做好安排，让玻璃杯破碎之后，玻璃杯中的水不会覆水难收。

我们可以早早地为配偶准备一份家庭责任准备金，它可以由意外保险+现金+不动产组成，即使有一天我们不在了，我们生命中的那个他（她），依然能继续体面地生活。当我们真的能带给另一半这份责任与爱时，我们会感受到这份安排带来的幸福与安心，让爱不留遗憾。

2. 子女：一生中最牵挂的人（孩子小的时候需要我们照顾）

"孩子，你还小，所以我需要照顾你。即使某一天我不在你身边，我也希望你能平安幸福地长大。"所罗门王几千年前的一番话曾道尽。

孩子，是每一位父母心中最大的牵挂，当孩子呱呱坠地时，便注定我们要陪伴他们长大。我们需要承担起他们直至成年的所有费用，这其中也包括意外之后的责任准备金。

这两年刷爆朋友圈的罗一笑事件，也恰巧给我们敲响了警钟：

……《罗一笑，你给我站住!》一文刷爆朋友圈。文章显示，深圳5岁女孩罗一笑患上白血病，父亲罗尔在微信公众号记录女儿治疗过程，引发社会好心人士打赏捐助。此事很快就遭遇"反转"。有网友指出，罗尔有三套房产，利用公众号募捐，幕后是推手深圳市小铜人金融服务有限公司炒作该事件进行营销。

……罗尔也接受了记者采访：

记者：网传你有三套房、一辆车。

罗尔：是的。我在深圳有一套房子，在东莞有两套。深圳的房子是2002年杂志社借钱给我买的，大概80多平方米，目前欠款已还清。

东莞的两套房子是去年为了投资而买下的，加起来约100万。贷款买的，欠款40多万。车是2007年买的，是一辆别克车，现在基本上报废了。

记者：为什么没选择卖房救女？

> 罗尔：东莞的两套房子现在都还没有房产证，因此不能交易。深圳这套房子，我现在正住着，我总得有个家……①

房子比女儿重要吗？面对这样的诛心之问，即便见惯世面的作家罗尔，也难以自圆其说，当生命和金钱资产放在一个天平上对比时，不论我们怎么取舍，总会伤害到另一端。其实，罗一笑事件，给我们提供了一个很好的参照范本，当你的亲人或者你自己，在面对终将无法战胜的疾病时，你是选择用全部资产来做看起来无谓的挣扎，还是选择保全财产、放弃治疗呢？

所以，为了避免陷入这样的窘境，对于还没有自我保护能力的孩子来说，我们要花费更多心血来规划他们的责任金——不仅要准备充足的子女责任金帮助他们健康成长，更要保障这笔准备金的安全，因为孩子是没有能力看管财富的。所以，为孩子设立的责任金也成为天下父母应当学习的一点，它将安排好我们一生最牵挂的人的最基本生活帮助。

3. 债务：一生中最担心的事（需要准备隔离账户）

多年前的热播电视剧《蜗居》中，郭海萍的人生可谓是一个群体的真实写照：

> 每天一睁开眼，就有一串数字蹦出脑海：房贷六千，吃穿用度两千五，孩子上幼儿园一千五，人情往来六百，交通费五百八，物业管理费三四百，手机电话费两百五。也就是说，从我苏醒的第一个呼吸起，我每天要至少进账四百，这就是我活在这个城市的成本。

房贷、车贷、支付宝花呗、京东白条、信用卡消费、企业三角债……这些繁冗的债务就像恶魔的爪子，紧紧地扼住我们的喉咙。以前的中国人不喜"负债"，多年来的消费习惯还来不及转变，时代却已经拽着我们走

---

① 根据《新京报》相关报道资料汇编而成。

向"高负债"的风口。这年头，我们一面惶恐不跟上"高负债"的风头而错过时代机遇，一面惧怕经济泡沫的幻灭而无力偿债，多年的积蓄在弹指间覆灭。

一失足成千古恨。债务风险和家庭责任时刻在我们耳畔打架，如何在风险中建好最坚实的壁垒，成为困扰每一个人的问题。所以，对债务责任金的规划也将是我们财富规划中重要的组成部分之一。

后续章节中，笔者将针对配偶、子女、企业等进行全面的展开，帮助读者建立起法商架构下的正确财富规划观念，从而妥善安排，实现财富心愿。

三、必然风险——抚养子女与个人养老的规划

生与死是我们一生中必须直面的话题,而当我们进入人生的第二个阶段,抚养子女和个人养老就成为我们在规划生死这对必然风险时,所需考量的核心内容。

(一)抚养子女规划要点

抚养子女规划要点说起来很简单,就是为孩子准备一个专属于他(她)个人的账户。这个账户的要求是能够陪伴孩子成长,帮我们照顾孩子一生。

我们就以孩子人生中最关键的"教育金"为例。天下所有的父母都是一样的,都希望自己的孩子有出息,都有"望子成龙、望女成凤"的想法,也都希望孩子受到最好的教育。尽可能让孩子上最好的幼儿园、小学、中学、大学,那样一来即使孩子最后没有成为最优秀的人才,也结识了一群非常优秀的同伴。整个过程中拼的除了孩子的努力,还有父母的财力,所以我们对孩子最大的责任就是教育责任,孩子成年之前完全靠父母,这段时间对我们来说是一阵子,对孩子来说是一辈子。

那么,作为家长,你为你的孩子准备好上学的教育金了吗?你是否想象过孩子从小学、初中、高中、大学乃至读硕士、博士需要多少钱吗?

简单来说,教育金是一个 1+N 的概念,"1"就是一笔保证教育金,因为孩子的教育有两个特点,第一是时间是刚性的,孩子考上了大学,不管是国内还是国外,考上了就一定要去上,你不能说我没钱等一两年再去上,一般家长砸锅卖铁都会让孩子去上学的对吧?第二是费用是刚性的,

好的学校，好的教育资源都很昂贵，我们不可能像做生意一样和学校讨价还价，交不起学费就不能上学，这是个很现实的问题。

所以无论发生了什么，这笔钱都要在那里，是钱等人，而不是人等钱。我们还可以通过银行、基金、股票甚至房产的方式为孩子准备教育金，但这些都是"N"，而"1"才是基础，"N"是补充，多多益善。

我们都想让孩子上好的学校，请好的老师，接触好的教育资源，但是倒推过来又考验着我们的财力和我们的未来。笔者曾看过一个财经节目，叫做《如何积攒孩子的未来》。节目组请了一位经济学博士，他说他有两个孩子，小的1岁，大的6岁，上的是国际私立学校，一年学费23万，这个费用当时把他都给吓了一跳，他算了一下未来要上初中、高中、出国留学，几百万都是不止的。

再加上，孩子在成长的过程中，德、智、体、娱乐、社交、旅游等各方面都需要钱，为了让孩子不输在起跑线上，抢占未来激烈竞争社会的制高点，家长一般都要对孩子全面培养，让孩子涉猎广泛，学贯中西，成为一个有用之才。所以，家长在孩子衣食住行、交通、旅游、兴趣培养等方面还需支付一大笔费用。更值得关注的是出国留学教育费用，据测算，在国外留学一年的费用一般至少为20万元，在英国、美国、加拿大等发达国家，每年留学费用甚至高达50万~80万元。

那么，这部分必须用到的钱我们该如何准备呢？

很多人会选择在银行给孩子存教育金，这很好，也未尝不是一种未雨绸缪的手段，但根据笔者的经验，第一，很少人能18年如一日坚持存，往往存着存着就断了，或者在这个过程中，很容易被挪用；第二，假如父母发生大病或意外，存钱的人没有了，教育金也就没有了。再就是子女的风险，轻松筹、水滴筹上大部分是孩子的案例，治病都不够，哪里还有教育金。最后一个风险是婚姻风险，离婚了，属于孩子的也会分掉。

所以，传统的自己存教育金的方式弊端太多，难以起到有效保证。就目前市场财富管理工具而言，保证的教育金往往是通过保险产品来解决：因为保险就是强制储蓄，根据我们的经验95%都能交费至期满。保险是最后被挪用的资产,所有被挪用的风险也非常小。

如果采用保险方式准备保证金,父母一旦发生风险,保单中也有一个责任叫豁免,通俗讲就是我们不用交保费了,保险公司帮我们交。18岁的时候,我们孩子的个人帐户上面的钱一分都不会少。

孩子发生风险会豁免,保险公司帮我们交钱。同时,作为孩子的一笔专属资产,这笔钱往往会照顾孩子一辈子,即便将来孩子的婚姻发生变故,这笔钱的权属也不会发生改变,不会被当作共同财产进行分割。

我们可以对比两种准备教育金的模式(见表3.2),孰优孰劣一眼就能看出。

表 3.2　　　为孩子准备教育金的两种模式

传统模式	保证模式
1. 能否坚持存	1. 超过90%可能坚持
2. 不被挪用、不投资失败	2. 被挪用几率小
3. 父母风险	3. 豁免
4. 子女风险	4. 理赔+豁免
5. 婚姻风险	5. 不受影响

富安百代家族办公室　制

无论分红险还是万能险,其作为教育金保险的基本原理都是强制储蓄、提前预存教育基金。分红型保险的收益基础部分一般为2.5%,每年按保险公司的投资收益分配红利;万能险产品,各保险公司的保底收益一般为1.75%~2.5%。选择保险来为孩子积累教育金的好处在于兼具理财和保障功能。此外,大多数教育金保险,还能为儿童附加各类性价比较好的儿童医疗和意外伤害保险。我们选购教育金保险时,最好能够选择带有这些附加功能的产品,在筹划未来教育金需求的同时,为孩子解决后顾之忧,安排好保障事宜。

总的来说,子女教育金的筹划应注意以下几个方面:

(1)子女教育金的准备要遵循"从宽准备、从早准备"的原则。特别是高等教育期间的开销属于阶段性高支出,不事先准备而以届时的收入必将难以应付。

(2)要根据子女将来所需要的教育程度及学校性质进行筹划,如读到学士、硕士或博士所需的费用是不同的,民办学校、公办学校费用相差也很大,国内读大学和出国读大学的费用更不能同日而语等。

(3)高等教育费的上涨率通常高于CPI上涨指数,所以,要以CPI上涨率加点来计算学费成长率,储备教育金的报酬率要高于学费成长率。

结合以上几点原则,我们不妨按照市面上某知名保险公司比较热门的教育金保险产品,为大家计算一下(见图3-4):

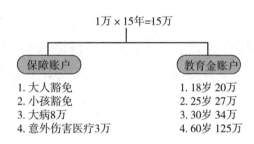

图3-4 教育金保险产品

假设我们每年存1万,从孩子3岁开始存,存15年。在设立保单之初就成立两个账户,一个是保障账户,一个是保证教育账户,并提供几个责任,一是大人的豁免,二是孩子的豁免,也就是说即便最坏的情况发生在我们身上,保险公司会为我们交保费,教育金一分都不会少,我们还附送两个责任,一个是额度为8万元的重疾,一个是全年3万元额度的意外医疗。

此外,他还拥有一个保证教育账户,钱是可以随时领取的,18岁的时候,账户上有20多万,比我们存的15万元多一点点,这就是那个"1",保证会有的。

【如果不动用"1"】

随着收入的提高,日子一定会越来越好,很可能你准备的"N"

能为你赚更多钱，那个时候如果没有用到这个"1"，账上的钱会复利计息，继续照顾孩子。到 25 岁的时候，账户上有将近 27 万，30 岁的时候账户上有 34 万……60 岁的时候，账户上有将近 125 万。

【使用场景】

孩子 25 岁会发生什么？是不是结婚时，大约 27 万的婚嫁金就在账上等着他/她，把这本保险合同送给他/她作为结婚礼物，你猜孩子会有什么感受？这是妈妈为他/她准备了 20 多年的礼物。孩子也会长大，也会老，在他/她 60 岁、70 岁白发苍苍的时候，可能我们已经不在了，但这个账户依然会和他/她在一起，有什么礼物可以伴随孩子一生一世呢？……

保险是时间加复利，把用于留给孩子教育的经费放在保险年金上，每年都会生利息，虽然利息刚开始的时候看起来不多，但是利息每年都是正向增长，日计息月复利，随着时间的增加，收益会越来越多。

我们把钱放在保险产品上，就等于雇了一个专业的机构，帮我们累积教育金，我们种下了一颗种子，保险公司每天给它施肥、浇水，20 年后它就长成了参天大树，而孩子呢，也即将长大成人。所以两者之间的生命周期是等长的、可以匹配的。

孩子越大，需要的教育经费越多；而教育金随着时间的增长也会越来越多，正好匹配。即使将来 60 岁了，也依然很开心，因为那个时候孩子最需要的教育费用 20 年前就给他们准备好了。

其实，子女教育金是最没时间弹性和金额弹性的目标，只有预先筹划，才不会因为财力不足而使子女学业中断。另外，教育金还要计算在保险的需求额中，这样也不会因为教育金准备来源的中断而使子女失去受教育的机会。

(二) 个人养老规划要点

谈完子女抚养，我们再来聊聊每个人都避不开的个人养老。

和教育是一样的，变老是不可逆的，每天都在进行，自然轮回中，每个人都将老去，让每一位银龄老人都能安享夕阳无限、身心舒畅，是人们的美好祈盼。然而，现实与祈盼之间总有或远或近的距离。据统计，截至 2016 年底，我国 60 岁以上老年人口已突破 2.3 亿，占总人口比重达 16.7%。今后一段时期，老年人的人数还将不断扩大，老龄化速度还在加快，而且持续的高峰时间比较长。统计预测显示，到 2050 年老年人将达到 4.83 亿，占总人口的 34%。届时，每三个人当中就有一个老年人。

与此同时，政府的养老金缺口不断扩大，其中以黑龙江为代表的东北三省养老金均已穿底，入不敷出，需要仰仗中央巨额财政补贴。在叹息昔日"共和国之子"的今日命运时，我们基本可以预见，在未来 10 年间，将有越来越多的省份和地区面临养老金缺血问题。因此，今天我们谈养老问题，其实本质上是在谈，我们需要为自己的养老负全责，要明白，养老只能靠自己。

所以我们都要提前做规划，专款专用，尽早准备，生命有多长，需要准备的养老现金流就需要有多长。只有将与生命等长、高于 CPI 上涨率的现金流掌握在手里，我们才有底气去过想要的老年生活。因此，养老是人生的一次有准备的转移支付，它需要我们做周密的安排。

我们先来看一张人生阶段图（见图 3-5），这张图把人的一生做了简单的浓缩，从图中可以清楚地看到，等我们老了，我们也会像图中显示的这样，从"退休的我"走向"老小的我"，再走向"生活不能自理的我"，在这个过程中，我们不可避免地感受到生命的流逝，感受到体力和智力的

①现在的我　②退休的我　③老小的我　④生活不能自理的我　⑤照片中的我
风险：　　　风险：　　　风险：　　　风险：　　　　　　　　风险：
○大病吞噬财富　○被骗风险　○无法控制财富　○无法控制自己
○投资失败　　○财产被借风险
○事业失败　　○过度补贴孩子

图 3-5　人生浓缩图

不断下降，我们的判断力也将不复敏锐。

就像这个时代的老人们，总是容易陷入各种各样的骗局之中，比如互联网金融、保健品、贵金属投机、借贷等，笔者经常说，年轻人千万不要感觉老人蠢，不要感觉他们之所以受骗是因为受教育程度不高、见识不够，其实每一代人都有自己的局限，每一代人都终将在时代远去的洪流当中，不可避免地付出代价。这代老人可能因为p2p、可能因为保健品而失去养老金，等我们老了，也同样可能陷入其他的骗局当中。基于此，我们在规划养老资产时，必须具备以下几个属性：

（1）持续性：活多久、拿多久，源源不断，跟生命等长。

（2）稳定性：不可忽上忽下、忽高忽低、忽有忽无。

（3）增长性：能抵御通胀，稳健增长，满足增长的养老需求。

（4）不可挪用、专款专用：不可临时大量取出，用作其他风险投资影响未来现金流。

（5）现金：不是物品，更不是各类有价证券，无论它以什么形式储备，最后一定要以现金的形式用于消费。

对照这几个属性，你会发现，传统的养老资产工具，都各有各的缺陷和不足。下面我们来详细分析一下：

1. 社保

我们常说的"五险一金"中的"五险"就是社保。主要项目包括养老保险、医疗保险、失业保险、工伤保险、生育保险。由于社保是由政府财政给予补贴并承担最终的责任，其保险金的获得能得到充分保证。作为一种惠民、强制性的社会保险，它的特点就是门槛低、全民性质，达到退休年龄，就可以领取养老金。随着年龄的增长，退休金会进一步调整，缴纳的标准越高，将来领取的退休金金额也就越高。换句话说，只要按时按量完成社保缴费，老了，国家多少都会管你。

社保作为一项国家福利，在养老金储备过程中扮演基础的角色，每个人都要尽量参与，它能解决我们晚年基本的吃饭穿衣问题，要知道"没有比国家社保还划算的商业保险"。但同时，我们也都知道，它的额度不够，不足以保证我们有一个体面的老年生活。所以社保是必需的，但它只能打基础。

2. 房产

房地产业是我国经济的重要支柱。房产除了居住以外，租赁、投资等其他功能也被彻底挖掘利用，对于拥有多套房产的群体，"以房养老"是切实可行的，也是很多人正在使用的一种方式。

但是，以房养老也有三个问题：第一个问题是等我们老了，大家还缺房子吗？目前房地产行业产量过剩，去库存化任重道远，如果持有的房产是二三线城市甚至更小地方的房产，那必然将面临有房无市的尴尬窘境；第二个问题是持有成本问题，拥有多套住房的群体，当然可以选择出租等方式来提供稳定的现金流，但是随着国内房产税被提上日程，对多套房征税已经成为既定规划，一旦房产税真正落地，以房养老或者以租养老，很可能将面临入不敷出的情况。第三个问题是租房需要我们自己打理，等很老的时候，我们连生活自理都成问题，恐怕将无力承担出租房屋的工作负荷。所以，房子可以作为养老资产，但绝不能作为唯一养老金。

3. 股票、证券、股权等

以股票为例，其本质是零和游戏，散户是最大的输钱群体，而基金机构则是赢钱群体，资本市场的博弈决定了拥有话语权的是具有资金规模、渠道优势和专业知识的机构投资人。所以，在股票市场上，身为散户，收益往往是由环境、政策和经济周期决定的，收益是变数，不是常数。当你深陷被套风险时，养老金也就无从谈起了。因此股票这一类随市场波动变化的金融资产，也不能作为唯一养老金。

4. 现金储蓄

用家庭储蓄养老，是中国家庭的常见现象。但用储蓄养老有两个问题，第一个问题是2002年之后，利率波动剧烈，长期维持低利率，到今天，我们已经基本进入负利率时代，受CPI上涨影响，我们难以预估和确保未来确定收益和总额；第二个问题是，养老金必须有极强的变现性，同时也必须专款专用，需要有明确的使用约束，使其不被挪用。而现金储蓄却往往容易受到生活责任、道义负担和利益诱惑的影响，图 3-6 就恰好反映了储蓄的易波动状况：

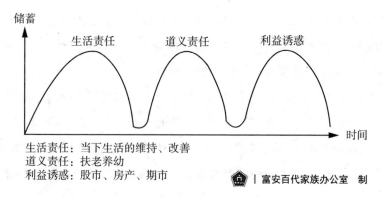

图 3-6　储蓄的波动状况

所以，传统的资产工具都有缺陷，我们在配置养老资产时，都不可过度依赖，需要明确，养老需要稳定的现金流，而现金流只有不被查封、不被挪用、不被借贷、不被诈骗，被彻底锁定，才是彻底安全的。

我们用一个鲜明的比喻来说明现金流的状态：

【水缸与水龙头的比喻（见图 3-7）】

○ 缸破了
○ 被盗、被骗、被借
○ 舀一勺少一勺
○ 没力气舀

○ 无需维护
○ 井不会被盗、被骗、被借
○ 与生命等长

图 3-7　将现金流比喻成鱼缸里的水和井里的水

未锁定的现金流,就像是玻璃鱼缸里的水,总量再多也是一定的,舀一勺少一勺,若被骗、被借,就只剩空空两手,况且一旦进入无法控制财富的人生阶段,围绕资产的处置,是否会用到老人自己身上,还是未知数;而彻底锁定的现金流就像是一口水井,移不动骗不走,随用随有,可以陪伴我们走到生命的尽头,即便我们进入生命最后时刻,精神恍惚、头脑迟缓,也不会因此被剥夺生存权利。

站在法商的角度考虑,只有保险和家族信托才能成为这井水的源头,才足够安全、足够隔离,锁定我们的养老金。因此在配置养老资产时,我们需要以社保为基础,以商业保险或家族信托来巩固,以房产、股票、现金储蓄等做补充,以此来保证晚年长期稳定的现金流。

四、家庭财务规划的序位——
金钱的"五个篮子"

在前文中,我们在为大家讲述各部分规划要点时,常常提到保险产品。那么,为什么保险产品对我们来说如此重要呢?我们先从金钱的五个篮子说起。

你考虑过如何分配自己的收入吗?你是怎么分配的呢?现在,我们不妨先找一张纸,在纸上写下每个月的开销(见图3-8)。

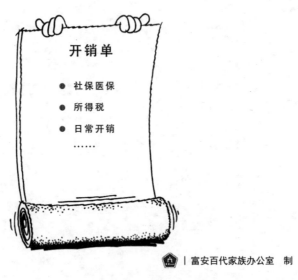

图3-8 每月开销

有人会说:我还需要留下一部分钱存着,不当"月光族"。当我们想做更有意义的事情时,我们便想将零散的财富汇聚起来,储蓄意识就这样产生了。当然,除了寻找人生的意义,我们还需要最基本的安全感,我们便可能会配置一些保险给我们的人生加一道安全杠杆。那么此时,纸上将会有这些内容(见图3-9):

图3-9 配置保险后的每月开销

当我们将所有内容罗列出来,谁会是第一个优先支出项呢?社保医保和所得税支出一定在其他项目之前,那我们先把这两项放在前面,再去安排其他项目的序位。我想大多数人可能会这么排序(见图3-10):

但是,当你真的去尝试之后,就会发现这样的方式是有问题的。日常开销的弹性足以湮没储蓄与保险的支出,当没有足够约束力时,储蓄计划与保险计划不能保证得到足够的供给。如果不作出改变,我们的规划将失去意义。所以,我们需要调整一下顺序(见图3-11)。

现在,我们先把所有的开销项目放入它所在的"篮子"中,形成一种模式,然后将预想的两种模式进行对比,能更直观地感受两种模式的不同(见图3-12)。

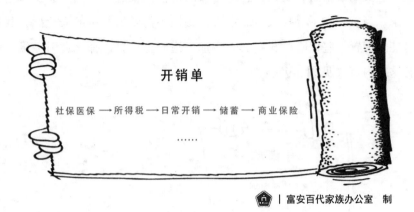

图 3-10　排序后的每月开销

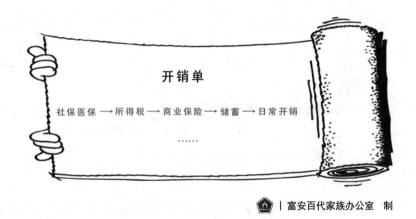

图 3-11　优化后的每月开销

【几点说明】：

（1）为什么社保医保可以在税前列支呢？因为国家认为这是未来一定要花的钱，是优先于税收的，当然也优先于我们的衣食住行。

（2）衣食住行的篮子在储蓄篮子之前，会发生什么呢？我们往往把钱都花了，或者把钱用在投资、创业等其他项目上，所以存不住钱。

（3）我们存了钱，也有了社保和医保，为什么还不踏实呢？因为我们都知道社保不够；加上存的钱也许都不够，而且我们知道绝大部分人有社

图 3-12 两种模式对比

保和储蓄,我们没法产生足够的安全感和区隔感。

所以,正确的模式应该是在社保医保、税收之后,先配置商业保险,再进行储蓄,最后再来谈衣食住行。这就是为什么我们去发达国家旅游,往往会发现那里的老百姓压力不大,一方面是国家福利好,另外一方面是老百姓拿到收入后,首先存入商业保险账户,之后再支付生活账单,每个人出生就有社保账户和商保账户。

只有先储蓄,再消费,才能存下钱来。现在需要花钱,但是未来更需要花钱,我们也需要存钱做投资,帮我们赚钱,是不是?衣食住行总有压缩的空间,假如公司不景气,工资打八折,日子还要不要过呢?照样可以过,理财的前提就是假定工资打折,把该存的钱先存下来。最健康的方式是一成买保险,四成做储蓄和投资,剩下的五成消费。现在紧一点儿,未来就松一点儿。

这就是笔者反复跟大家强调保险重要性的原因。

回首改革开放的40多年,我们看见,中国的保险业从孱弱的新生行业发展至如今100余家保险公司、数百万从业者的重要金融服务业之一,这个行业最初借鉴国外成熟的模式,还很稚嫩,但随着巨头保险公司不断涌现、不断走向成熟,保险也逐渐在国民经济和社会发展的过程中站稳脚跟。现在的保险业已经与银行业、证券业一起,共同构成我国金融业的三大支柱。

作为国家重要的金融支柱,国家对保险业的监管力度是十分强硬的,根据《中华人民共和国保险法》第九十二条:

> 经营有人寿保险业务的保险公司被依法撤销或者被依法宣告破产的，其持有的人寿保险合同及责任准备金，必须转让给其他经营有人寿保险业务的保险公司；不能同其他保险公司达成转让协议的，由国务院保险监督管理机构指定经营有人寿保险业务的保险公司接受转让。①

也就是说，寿险公司破产后，其持有的保险合同需要转让给其他寿险公司；没人愿意接盘时，监管机构就会指定其他公司接盘。基于此，大家可以先安心了，无论如何，寿险保单都不会作废。

相比于其他金融机构，保险公司的监管更严格，运营更安全，倒闭的可能性更小，并且保险公司倒闭后，客户的损失也是最低的，毕竟保险是每个家庭与个人的最后一道防线。所以，大家在配置保险时，更多地应该考虑自己的实际需求，而不是质疑保险产品的安全性。

而根据《2017年中国高净值人群医养白皮书》显示，商业保险在主力高净值人群中的关注度不断提高，2016—2017年，主力高净值人群个人年缴保费达到100%的增长率，2017年人均年缴保费超过7万人民币。健康保险和养老保险是他们最主要购买的保险类型，其购买率已超过9成。除此之外，重疾保险的购买率也达到8成以上（见图3-13）。

从这个数据中看，在高净值人群中，保险逐渐成为养老的标配。不仅如此，由于对自身健康重视度的提高，他们对健康风险的防护程度也在不断提升。

那么，什么时间配置保险产品最合适呢？

---

① 根据2015年4月24日中华人民共和国第十二届全国人民代表大会常务委员会第十四次会议《全国人民代表大会常务委员会关于修改〈中华人民共和国计量法〉等五部法律的决定》第四次修订，中华人民共和国主席令第26号公布，自公布之日起施行，现行有效。

四、家庭财务规划的序位——金钱的"五个篮子"

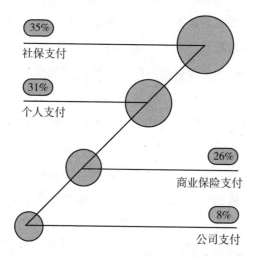

图 3-13　2017 年国人医疗费用支出来源统计图

我们来看一张保险产品的坡度图（见图 3-14）：

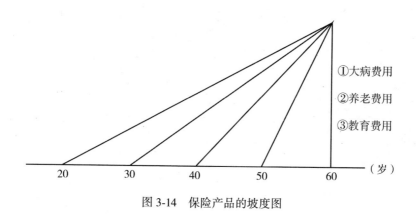

图 3-14　保险产品的坡度图

我们可以看到，现在配置和未来配置的区别最直观的感受就是坡度不一样，越晚配置，坡度越大，换句话说，就是需要存的钱就越多，结束的时间也越晚。

很多人都想晚一点配置，同时也认同保险迟早是要配置的，为什么呢？一方面是认为自己还年轻，晚一点配置没关系，另一方面也知道人寿保险解决的是人生必定会碰到的问题——老、病、死、残，而且这是一笔相对很大的钱（大病费用、养老费用、教育费用）。

基于此，我们认为保险最佳的配置时机就是现在。现在配置就是从现在开始享受保障，同时更便宜、更早完成积累；而未来配置就是现在自己承担风险，未来有条件还能配置的话，会越贵，越晚完成积累。

保险的实质是慈善，是我为人人，人人为我，"我为人人"是在前面的。未来五年我们有大概率的可能平平安安，但是也会有人得大病发生意外。我们配置的保险就会优先去创造几倍甚至数十倍的钱去帮助发生风险的人。如果风险发生在我们身上，就会有别人帮助我们。所以保险就是一个慈善，用做慈善的心态投保，无论是否发生风险，心态都很平衡了。越早参加，奖励就是保费更便宜。

所以保险最佳配置的时间是现在，现在紧一紧，未来就松一松，我们就可以更快地实现财务自由。

第四章
婚姻中的财富规划

法商思维下夫妻关系的本质是伴侣，它遵循的原则是自由、平等和排他。我们需要通过建立共同账户、个人账户和隔离账户来构建婚姻财产架构。每个账户根据功能不同，需要不同类型的资产内容。

婚内财产架构的意义，不是精心算计和相互防范，而是给财产安排好爱的序位，让婚姻回归平等和自由，让爱做主。

一、法商思维下的夫妻关系本质:"伴侣"

配偶关系是我们人生当中最重要的关系,是决定我们幸福与否的根本,也理应成为我们人际关系中最亲密的关系。因为当婚姻的盟约成立之后,夫妻二人均已经离开自己的父母,与配偶建立一个新的家庭,而公公婆婆与岳父岳母均属于他们的原生家庭,孩子则是在夫妻关系之外的核心家庭范畴。《中华人民共和国婚姻法》第二条规定:

> 实行婚姻自由、一夫一妻、男女平等的婚姻制度。保护妇女、儿童和老人的合法权益。①

我们仔细研读这个法条,会发现它道出的就是婚姻中的三大原则:婚姻自由(自由)、一夫一妻(排他)、男女平等(平等)。

婚姻法的内容基本就是这三大原则的延续,是基于这三大原则形成的。这三大原则不仅直指婚姻关系的本质,甚至某种程度上也是完美爱情的准则。笔者有一次在网上看到一段形容爱情的句子,来源已不可考,但却用很文艺的笔触,把自由、平等和排他提炼了出来,我把它摘录如下,供诸君参考:

---

① 1980年9月10日,第五届全国人民代表大会第三次会议通过《中华人民共和国婚姻法》,自1981年1月1日起施行。2001年4月28日第九届全国人民代表大会常务委员会第二十一次会议修正。

> 最好的爱情，是两个人一起成长，势均力敌，我做好了和你过一辈子的打算，也做好了，你随时会走的准备，我们都是自由的，和你在一起，我从没羡慕过别人。

饱含深情的一段话，不仅道出了爱情最理想的形态，也刻画出了法商视野下正确的夫妻关系的爱的序位。如果我们用一个词来形容，那就是"伴侣"，既是志同道合的陪伴，也是一人一半的权利和自由。

理解透了伴侣的含义，就会明白，在规定具体婚姻法条款时，为何法条会这样规定：

（1）因为夫妻关系平等，所以法律推定夫妻婚后几乎所有收入均为共同财产，包括一方拥有股权的增值部分。夫妻双方对共同财产有平等的处理权，夫妻双方中任何一方均不得擅自处理共有财产；离婚时，共同财产需进行分割。

（2）因为夫妻需要自由，所以法律允许夫妻拥有个人财产，依照法律规定或夫妻约定，夫妻拥有各自保留的一定范围的个人所有财产的自由。

（3）因为夫妻关系是排他的，所以在处理共同财产时需双方同意，在签订债务时也需双方知情和同意。这在著名的郎咸平起诉空姐（小三）一案中，表现得淋漓尽致……

当我们用"伴侣"的序位来规划财富时，我们将收获幸福，我们的人生将开始变得与众不同。《圣经》上有这样一段话：上帝用亚当身上的肋骨造出一个女人，这个女人就是夏娃。上帝把夏娃领到亚当跟前，亚当说："这是我骨中的骨，肉中的肉。"[1]

谁是你骨中之骨，肉中之肉，连着心都应该要疼惜和呵护的对象？随

---

[1] 赵敦华. 圣经历史哲学 [M]. 南京：江苏人民出版社，2016.

着年龄的渐长,随着经历的事情越来越多,我们最终会明白:配偶才是我们的骨肉,才是我们生命中最重要的人。我们和配偶的关系,才是决定我们一生幸福与否的根本。

二、四成离婚时代：婚姻需要规划

中国已悄然进入四成离婚时代，2017年全国结婚1063.1万对，离婚437万对，即使刨除为了买房假离婚的情况，数据依然触目惊心。民政部的数据显示，从2014年开始，结婚人数逐年递减。2013年还有1346.9万对结婚，短短4年，结婚人数下降了21.1%，2018年可能全年不超过1000万对结婚。与此同时，离婚人数已经多年持续大幅上升，截至2017年，离婚人数较2013年上升了25%，具体数据如图4-1所示：

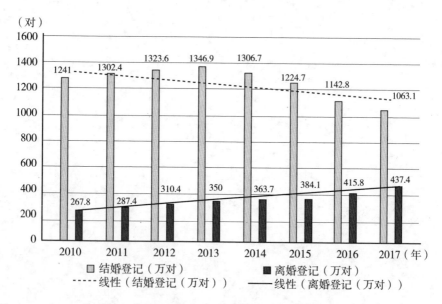

图4-1　2010—2017年全国婚姻人口数据趋势图

我们发现，结婚数据与离婚数据已经展现出相交的趋势，可以肯定地说，这种趋势还会继续，中国的婚姻正变得越来越脆弱。

除了离婚数据大幅上扬外，中国还有不少婚姻是"假装很幸福"，表面上看有车有房、夫妻恩爱、孩子活泼，但实际上可能已经分居几年了，或者生活在一个屋檐下，但彼此早就没有了心动的感觉，彼此也提不起"性趣"，在一起，仅仅是因为义务和责任，心已经麻木了。

中国式"假装很幸福"的婚姻，一部分是因为孩子，担心父母离婚后孩子有心理阴影，担心孩子因为单亲家庭在学校受欺负，所以父母会忍着。但这种方式并不能真正地保护孩子。有多少假装幸福的婚姻，就有多少假装幸福的孩子，只是他们假装不知道爸爸不爱妈妈、妈妈不爱爸爸而已。孩子们以为他们假装开心，爸爸妈妈才会真的相爱；爸爸妈妈以为他们假装相爱，孩子们才会真的开心。

中国式"假装很幸福"的婚姻，还有一部分原因是离婚的代价太大，甚至离不起婚。如果夫妻有一方开公司，有股权，仅仅分割股权，就可能让公司破产，因为中国夫妻很少事先做出规划，离婚时往往已经彼此成仇。土豆网的创始人，就是因为离婚，错失了登陆纳斯达克的上市良机，最后从视频江湖里默默消失了。

在中国，婚姻其实不仅仅是一张证书，婚姻其实是一个"家"的概念。词典里对"家"的定义是"住所""家是温馨的岸，人是漂泊的船""家是温暖的地方，是可以供人遮风挡雨的地方。因为那里，有自己最爱的人——亲人"。因为有夫妻才会有孩子，才会有家，所以夫妻关系是所有关系中最重要的关系。如果不能从夫妻关系中获得温暖，那从全世界其他任何地方都不可能获得真正的温暖。对孩子最好的教育其实不是来自名校，不是来自留学，而是来自夫妻恩爱。孩子知道父母是相爱的，才会真正获得安全感，才会真正做自己，从而拥有完整的人格。夫妻的冲突往往会以不同的形式和相同的模式在孩子身上轮回。

中国有句古话，叫做"不忘初心，方得始终"。没有哪对夫妻不是为了幸福步入婚姻殿堂的。去民政局领取结婚证的时候，还会领到一张结婚誓言，我们不妨重温一遍：

我们自愿结为夫妻，从今天开始，我们将共同肩负起婚姻赋予我们的责任和义务：上孝父母，下教子女，互敬互爱，互信互勉，互谅互让，相濡以沫，钟爱一生！今后，无论顺境还是逆境，无论富有还是贫穷，无论健康还是疾病，无论青春还是年老，我们都风雨同舟，患难与共，同甘共苦，成为终生的伴侣！我们要坚守今天的誓言，我们一定能够坚守今天的誓言！

婚姻需要经营，最关键的是彼此承诺；婚姻也需要规划，其中非常重要的规划就是婚姻的财富规划。

虽然俗话说"贫贱夫妻百事哀"，但是现在我们发现，富贵夫妻的幸福指数并不随财富的增加而同比增加。换句话说，我们苦苦追求的财富其实并没有为我们的幸福添砖加瓦，有时候相反还会让彼此成仇。

案例

默多克与邓文迪：因为合理安排，他们彼此祝福、挥手告别。

2013年11月20日，传媒大亨默多克与名媛邓文迪宣布离婚，两人随后在法庭上迅速结束了一切，邓文迪分得默多克不足1%的资产。

在法官的面前，邓文迪和默多克都举起手，起誓各自的意愿均源自真心。之后，法官向两人确认，是否知道这将是一份"最终"的协议。

"是的，我很明白。"默多克回答。

不到十分钟，一切结束，邓文迪站起身，同默多克的律师握手。

在即将各奔东西之时，邓文迪走向默多克，亲吻了一下他的脸颊，轻轻说了声"谢谢你"。默多克无言，只向邓文迪报以微笑。

"默多克的眼中并无怨恨，尽管他是本案中的原告。"英国《卫报》报道称。

默多克与第二任妻子安娜·默多克的婚姻长达 32 年，根据美国当地法律，夫妻二人的婚姻一旦超过 30 年，那两人离婚时就可以对半分财产，但为了三名子女的继承权，她放弃了分一半身家，而选择获得了 17 亿美元的分手费。①

新闻集团的决策权由 A、B 类股权双重投票机制构成，其中 A 类没有投票权，B 类拥有投票权。默多克家族持有新闻集团近 40% 的 B 类股票，其中超过 38.4% 的 B 类股票由默多克家族信托基金持有。在美国证券交易委员会备案的 GCM 信托公司（默多克家族信托基金运营方）的文件显示，默多克与前两任妻子的 4 个子女是这个信托的监管人，四个子女不但拥有对新闻集团的投票权，还可在默多克去世后，指定信托的受托人。

默多克已经放弃对该信托的受益权，但他通过在这个信托基金中有表决权的股票，牢牢控制着新近拆分的新闻集团和 21 世纪福克斯公司。如此一来，新闻集团的控制权，实际上是掌握在默多克和四个子女的手中，在信托计划构筑的严密隔离下，默多克与邓文迪的离婚几乎没有对新闻集团产生影响。

我们能够看到，在默多克和邓文迪的婚姻中，财富并没有让彼此迷失，邓文迪与默多克的孩子也得到了妥善的安排。在这段婚姻中，做主的是"爱"，而不是财富。因爱而聚，不爱了彼此祝福，每个人都是自由和平等的。

这里，请大家思考一个问题：我们婚姻中的财富规划，是为金婚做准备，还是为离婚做准备？财富在婚姻中的作用毋庸置疑，但是如何规划才能让财富为我们的幸福服务呢？目前市面上有很多关于法商的书籍，会将婚姻的风险一一揭示出来，告诉我们如何在婚姻中保全个人财产，并且在离婚中尽量地占据主动。婚姻中思考离婚并没有错，但是为了离婚而规划

---

① 参见《北京晚报》《长春日报》等 2013 年 11 月相关报道。

财富，相互防范，其实背离了婚姻的本质。我们的主张是：我们必须回归婚姻的初心——用"幸福"来规划婚姻中的财产，重度聚焦到婚姻的三个基本原则——平等、自由和排他。

平等、自由和排他，必须有经济上的支撑，我们认真地想一想，如何用财富保证我们平等呢？如何用财富保证彼此自由呢？如何让财富保证婚姻能够排他呢？有一些客户在夫妻一起做规划的时候，突然觉得如释重负，在共同规划时，突然找到了创业时相互支持的状态。

在之后的章节，我们会详细地讲如何规划婚姻中的财富，如何构建共同账户（共同梦想账户）、个人账户和隔离账户。所有账户的设计都需要夫妻双方的参与，基于对金婚的渴望而不是对离婚的恐惧，家庭中爱的序位会被看到和被尊重。这个过程本身就存有意义。即使在夫妻关系中，有人出轨、有私生子，基于正确的爱的序位，但有些夫妻的关系反而会更加亲密。笔者一直在反复强调，婚姻关系作为人生最重要的关系，是我们其他关系的核心和基础，我们的子女关系、养老关系、企业关系都是建立在夫妻关系基础之上的，所以，婚姻财产架构也理应成为我们人生中最重要的一次财富规划。

三、婚姻财产的界定：共同财产和个人财产如何区分？

（一）夫妻财产的法律定义

我国法律目前实行的是夫妻共同财产制、约定财产制和个人特有财产制并存的财产制度，既符合中国人"夫妻不分家"的历史传统和风俗习惯，也兼顾了现代法律精神和人权理念。其对共同财产的范围界限，为我们提供了规划共同账户的根据。

在谈具体的财富规划之前，我们先来看看法律对夫妻财产的定义。《中华人民共和国婚姻法》①规定：夫妻在婚姻关系存续期间所得的下列财产，归夫妻共同所有：

(1) 工资、奖金；
(2) 生产、经营的收益；
(3) 知识产权的收益；
(4) 继承或赠与所得的财产，但本法第十八条第三项规定的除外；
(5) 其他应当归共同所有的财产。

这里的所谓"其他应当归共同所有的财产"，主要是指：

---

① 根据 2001 年 4 月 28 日第九届全国人民代表大会常务委员会第二十一次会议《关于修改〈中华人民共和国婚姻法〉的决定》修正。

（1）一方以个人财产投资取得的收益；

（2）男女双方实际取得或者应当取得的住房补贴、住房公积金；

（3）男女双方实际取得或者应当取得的养老保险金、破产安置补偿费。①

这里基本上把个体赚取财富的绝大多部分情况都包含进去了，这也意味着，除非是特别约定的资产，否则一般情况下，夫妻财产均为共同财产。

与共同财产相伴相生的，是法律也同时规定，夫妻对共同所有财产，有平等的处理权：

> 在《婚姻法解释一》第十七条里规定：婚姻法第十七条关于"夫或妻对夫妻共同所有的财产，有平等的处理权"的规定，应当理解为：
>
> （一）夫或妻在处理夫妻共同财产上的权利是平等的。因日常生活需要而处理夫妻共同财产的，任何一方均有权决定。
>
> （二）夫或妻非因日常生活需要对夫妻共同财产做重要处理决定，夫妻双方应当平等协商，取得一致意见。②

当然，有心的读者朋友，一定注意到了上面所说的"本法第十八条第三项规定的除外"这句话，我们来看看第十八条第三项的法条内容：

有下列情形之一的，为夫妻一方的财产：

---

① 最高人民法院关于适用《中华人民共和国婚姻法》若干问题的解释（二）法释〔2003〕19号。

② 最高人民法院关于适用《中华人民共和国婚姻法》若干问题的解释（一）（2001年12月24日最高人民法院审判委员会第1202次会议通过）法释〔2001〕30号。

（一）一方的婚前财产；

（二）一方因身体受到伤害获得的医疗费、残疾人生活补助费等费用；

（三）遗嘱或赠与合同中确定只归夫或妻一方的财产；

（四）一方专用的生活用品；

（五）其他应当归一方的财产。

除了这一法条内容，《中华人民共和国婚姻法》第十九条也规定：

夫妻可以约定婚姻关系存续期间所得的财产以及婚前财产归各自所有、共同所有或部分各自所有、部分共同所有。

我们看到，法律在规定夫妻共同财产的同时，也给了夫妻双方约定财产的自由，当事人可以根据各自婚姻的特殊性自由灵活地对夫妻财产权归属进行约定，且在这里"财产约定"先于"法定"，意味着如果事先进行了约定，且约定有效，将受到法律认可和保护。

为了让读者朋友们能够进一步了解共同财产、个人财产的区分，接下来我们将具体阐述共同财产涉及的典型部分，方便大家对每一种财产类型有清晰的概念认知。

（二）共同财产、个人财产的法律区分

1. 婚后收入

婚后双方收入（工资、奖金、津贴等）属共同财产，但收入可能转化成保险、信托等其他形式。

2. 婚后继承

夫妻任一方继承的财产（若不能证明是给予个人的）为夫妻共同财产。

3. 婚后接受赠与

赠与的方式和内容多种多样，最普遍的还是结婚后双方父母及亲属的赠与。除非经过约定，否则赠与财产一般被视为夫妻共同财产。

4. 婚后股权增值

夫妻共同股权及婚前夫妻一方的股权归属并不存在异议，需要注意的是夫妻一方婚前股权在婚姻存续期间增值的部分，在司法实践中一般被视为共同财产。

当然，在现实生活中，需要关注股权增值这一内容的，往往是事业有成的企业家，对他们来说，"股权无小事"，提前做好婚前股权约定，是非常必要的规避风险的手段。我们来看两个实际案例。第一个案例中，土豆网总裁王微因为没有约定好股权内容，从而遭遇了一场意想不到的人生大挫败；第二个案例中，已经名誉江湖的刘强东，在与"奶茶妹妹"结婚前，却用尽一切方式进行股权约定，严防死守婚姻变故影响企业运营，被江湖传为笑谈。

案例 1

广被看好的土豆网曾是国内最早的全球视频网站之一，但最终被优酷收购，宣布退市，这与土豆网创办人王微的一场离婚官司有着分不开的联系。也正因为离婚案对土豆网巨大的打击，让创投江湖上一夜之间有了"土豆"条款，无数投资人在考察一家公司时，开始将创始人的婚姻纳入考察范围。那么，引发行业巨震的王微离婚案是怎么回事呢？

土豆网自2005年创办以来保持着稳定发展趋势，并在2010年先于几家视频网站提交了IPO申请，成为首家赴美上市的视频网站。但就在此时王微前妻杨蕾向法院提起了离婚后财产分割的诉讼，并申请法院保全冻结了王微所持的公司股权，禁止对外转让。土豆网的上市就此搁浅。

王微的婚姻其实只维持了两年，两人于2006年在朋友聚会场合相识；2007年登记结婚；2009年，起诉离婚，财产分割另案处理。二人相识之时，土豆网刚凭借《一个馒头引发的血案》进入大众视野；彼时，杨蕾身份为上海新娱乐频道主持人。

作为王微创业时的伴侣，杨蕾对土豆网倾注了很多心思。土豆网现有管理团队中，亦不乏杨蕾的前同事。然而好景不长，婚后不久，王微便结识了某女星，随后搬出与杨蕾的共居房产。离婚判决后不久，王微就给杨蕾发邮件，要求其搬离上述住所。而王微自己，则早已迁入北京一处四合院。王微此举激怒了一直等待王微前来协商的杨蕾。

而土豆网的上市模式，无疑放大了这桩诉讼的影响。土豆网的运营公司为上海全土豆网络科技有限公司，王微持有95%股份。此前，王微用全土豆所持有的4750万元股权，向未序网络进行了质押。未序则是一家外资独资公司，其出资方为注册于开曼群岛的一家离岸公司星云多媒体。2006年，未序进行工商注册时，星云多媒体由王微与一个外籍人士共同持有。①

此后，土豆网进行的多轮融资，便是通过风投公司向星云多媒体增资实现。土豆网在纳斯达克申请上市的公司主体，便是星云多媒体。这种海外上市模式，被称为新浪模式。

2010年11月，土豆网上市申请次日，杨蕾代理律师周忆向法院提出，对二人婚姻存续期间财产进行分割；并申请将王微名下公司股权进行诉讼财产保全。

土豆网作为视频网站，其运营的两张关键牌照——增值电信业务经营许可证以及网络传播视听节目许可证，均被全土豆持有。因此全土豆为土豆网通过星云多媒体上市的核心子公司。而增值电信业务经营许可证的持有公司，不允许被外商独资。因此这些互联网公司在境外上市，多由境内自然人持有内资运营公司，后者再通过与离岸公司的协议，令牌照公司实现被外资的实质性控制。如果全土豆的股权被分割，势必影响这种协议式控制。

---

① 本案例资料部分参考肖谨撰写报道《土豆赶集创始人离婚诉讼背后：IPO放大婚变效应》一文，选自《21世纪经济报道》，2011年3月。

然而在一个月后，竞争对手优酷网成功在美国上市。尽管后续王微支付高昂现金补偿前妻并达成协议，大概花费约 700 万，努力在第二年八月成功上市，但九个月的时间里资产市场发生了巨大变化，土豆网落下的差距也越来越大，2012 年优酷网合并土豆，王微渐渐淡出大众视野。

案例 2

当刘强东和章泽天领证的消息传出不久，一则新闻同时被曝出：今年 5 月，京东集团宣布，董事会 2015 年 5 月批准针对公司董事长兼 CEO 刘强东的一项为期 10 年薪酬计划。根据该计划，刘强东在计划规定的 10 年内，每年基本工资为 1 元，且没有现金奖励。另根据公司股权激励计划，刘强东已被授予 2600 万股 A 股股权，相当于公司所有流通股的 0.9%。刘强东获得的这笔股权每股执行价格为 16.70 美元。一言以蔽之，折算出的 26.5 亿元人民币将是刘强东的婚前个人财产。①

有网友热议，刘强东此前所有的资产均为其婚前个人财产。婚后 10 年内，其个人收入最多只有 10 元。倘若两人 10 年内离婚，章泽天最多从刘强东手里分得 5 块钱，相反章泽天在 10 年内的收入作为夫妻共同财产得分刘强东一半。以至于有网友纷纷出谋献策，甚至打出"奶茶妹妹不哭，一元太太逆袭"的口号标语。

同时有网友认为，26.5 亿元人民币算作婚前财产没有问题，但刘强东的资产肯定不止这 26.5 亿元。而这 2600 万股在结婚后，也并非完全属于婚前个人财产。因为京东是上市公司，股份价值是涨还是跌，一目了然，不需要去评估。如果将来股份出售，这部分增值会变成"收益"，根据相关法律规定，一方以个人财产投资取得的收益属于"其他应当归共同所有

---

① 本案例资料参考施志军报道《京东宣布刘强东只拿 1 元年薪》一文，选自《京华时报》，2015 年 8 月。

的财产",这部分收益也是夫妻共同财产。所以,如果刘强东的股票增值,章泽天仍能分杯羹。

一个企业最大的责任和义务,就是对投资人负责,刘强东在结婚前未雨绸缪,提前做好安排,其实应该得到社会的认可和企业家的提倡。像京东这样的企业,仅员工就有数十万,企业的动荡将对无数家庭产生影响。保证一家大企业的有序发展,不仅是企业家的责任,也符合社会的期望。特别是掌握大量家族财产或个人财产的企业家,在结婚前对股权进行明晰和梳理,是合理的,这很可能会有利于结婚后夫妻双方对财产性质的认知达成一致,从而减少纠纷。

5. 婚后购买的养老保险

保险大多情况下只涉及保险人及受益人的利益,容易避开财产的划分问题。但也有属于共同财产的特殊情况:

- 社会养老保险没有受益人,保险金应属共同财产。
- 为夫妻任意一方购买的商业养老保险,法律规定男女双方实际取得或应当取得的养老保险金应属共同财产(但具体金额的划分问题却没有明确规定,应根据各个家庭的不同情况进行协商)。

(三)婚前与婚后房产的规划问题

以上小节内容,我们梳理了共同财产的典型部分,却独独没有谈房产问题,这主要是因为,在当今中国,房产是绝大多数家庭最核心的资产,它的重要性值得专门拿一个小节来阐述。

中国农耕文化延续千年,中国人的土地情结早已深入骨髓。房子,从古至今,在中国人心里都是极其重要且必不可少的。从改革开放至今,房地产行业狂飙猛进,抓住机遇的炒房客们无不积累起豪富身家,没有抓住机遇的人们,也都指望能搭上房产大涨的末班车。房产,已成为全国人民最关心的话题,也是婚姻当中无法避开的一环。为了明确区分,我们将以婚前、婚后为时间节点来分别说明房产可能会遇到的相关问题。

1. 婚前买房

婚前买房有以下几种情况：

（1）夫妻其中一方全款买房并取得房产证，该房产属于婚前个人财产，另一方无权要求分割。

如果婚后将该房产卖掉，或发生其他经济行为，则要看房子价值转换后的形态，来进行判定和划分。

（2）夫妻一方婚前购买按揭房，则只有婚后房屋增值部分以及共同偿还贷款的部分（除夫妻双方另有约定外）属于共同财产。

共同还贷部分，不论是一方单独还贷，还是双方共同承担还贷，均应认定为夫妻共有财产。如果一方能够证明其还贷资金来源于个人婚前财产，那么该部分不应认定为夫妻共同财产。对于这一共同还贷问题，我们来看一个案例：

案例

夫妻新婚共筑爱巢，10年按揭无缘房产[①]

女方小丽是北京人，男方小齐是外地人，当年男女双方恋爱时遭到了女方父母的强烈反对，认为男方配不上自己女儿，但是女方坚定地认为她的男友聪明勤奋，未来一定有好前途，于是不顾父母反对，义无反顾地嫁给了外地小伙儿小齐。由于女方父母不接受这桩婚姻，所以不提供住房给女儿，而男方又是外地户口，所以两人一直也没有一个像样的居所。结婚前，两人决定以按揭方式购买一套住房，并且买在了男方家乡所在地。男方付了首付款之后，夫妻俩结了婚，住在一起，继续还银行贷款，女方也因此远离北京，夫妻俩患难与共，一起创业。

结婚后妻子非常贤惠，把自己每月不多的收入都拿出来贴补家

---

① 王芳. 家族财富［M］. 北京：现代出版社，2006：4-5.

用，家里的日常生活消费和孩子成长教育费用都出自女方工资，男方则一心一意创办装修公司，并负责还银行按揭住房贷款。10年过去了，这套房子的按揭借款终于还清了。这10年来，女方工资都用在家里的日常消费和子女教育上，没有任何积蓄，但接下来发生的事情却让小丽完全没有想到。由于赶上了我们国家房地产高速发展时代，装修公司生意非常好，很快小齐就挣了不少钱。随着富裕和膨胀，他的身边也开始出现了情人。

3年后，小齐向小丽提出离婚，小丽不能接受这一现实，但男方态度非常坚决，当即起诉到了法院，要求判决离婚。女方觉得非常寒心，但坚决不同意离婚，因此法院判决暂时驳回了男方的起诉。但半年后丈夫第二次向人民法院提出离婚诉讼，仍然要求离婚。这一次，法官认为夫妻感情确已破裂，打算判决双方离婚。

在涉及按揭住房的分割时，法院判决根据《婚姻法司法解释三》第十条的规定，认定该房产为小齐婚前个人财产，归男方所有，同时判决男方将婚后夫妻共同还按揭部分本息的一半给女方。这让妻子在承受被丈夫无情抛弃的痛苦的同时，又遭受了另一重打击，她怎么也想不明白，这套住房是自己和丈夫辛苦打拼才获得的，银行按揭贷款也是双方共同偿还的，为什么多年之后，自己为婚姻付出了一切，却面临净身出户的艰难境地呢？

依据婚姻法解释，房产产权应归属产权登记一方，双方婚后共同还贷支付的款项及其相对应财产增值部分为共同财产，产权登记一方需对另一方进行补偿。

这也就解释了为什么案例中的妻子最后落得了净身出户的下场，因为其丈夫才是房产产权的拥有者，离婚时妻子获得了共同还贷的相应补偿后，就和这个房子再也没什么关系了。

这种情况并不少见，我国历来婚嫁习俗是婚前男方付首付款，女方负责家具电器，婚后再共同还贷。但是从法律的角度来看，这样的做法并不代表这套房产属于夫妻共同财产。

（3）如果是夫妻一方婚前付了部分房款，但婚后才取得房产证的，婚后双方共同还贷的情况，要将财产来源细分为婚前、婚后两部分，婚前部分属于个人财产，婚后属于共同财产。

（4）夫妻一方婚前只支付了部分房款，婚后共同还贷，或一方用个人财产还贷但房屋升值，离婚时，尚未取得房产证的，若双方对尚未取得所有权的房屋有争议且协商不了，人民法院不宜判决房屋的所有权归属，应当根据实际情况判决由当事人使用。待取得房屋产权证后，再由任何一方另行向法院起诉。

（5）夫妻双方婚前共同出资买房，但婚前取得的房产证上只写有一方的名字，如果不承认或不能证明另一方有出资，则认为房屋属于产权登记一方的婚前个人财产，不作分割。也就是说，只有能证明自己有出资，才能保证对房屋享有的权益不受损。

（6）婚前父母或亲戚朋友出资买房并取得房产证，赠与夫妻一方，那么房产属该方个人财产（另有约定除外）。但如果出现婚后需要还款的情况，则婚后还贷部分为夫妻共同财产。

2. 婚后买房

婚后买房有以下几种情况：

（1）夫妻双方婚后出资购房，无论房产证上写谁的名字，都属于共同财产。

（2）夫妻一方全款购房，但无法证明购房资金来源于个人资产的，则视为共同财产。

（3）双方结婚后父母或亲戚参与出资购买的房屋，视为对夫妻双方的赠予，属于共同财产，除非有公证证明赠与单方。

综合以上分析，大家会发现，房产问题在婚前婚后、不同场景下，就会有不同的处理方式。如果个人拥有多套房产，在结婚前一定要做好安排，避免将来造成不必要的纠纷。

如果读者们还有其他疑惑，也可参照表4.1，我们在这里把有关房产分割的几种常见类型和处理意见分别罗列并制成表格，方便大家查阅。此外，关于夫妻共同财产与个人财产的界定问题，我们在本书的末尾附录处制作了几张表格，帮助大家一图尽览。

表 4.1　　　　　　　房产分割的常见类型及处理意见

购房时间	出资类型	处理办法(不考虑另有约定/有无房本等情况)
婚前购房	双方(包含双方父母)共同出资,登记在一人名下	如果在同居期间,那法院基本会按共同生活期间、以结婚后共同使用为目的,作为共同共有处理,通常不作为按份共有处理
		如果不是同居期间购房,按共同财产处理还是按借款或赠与处理,不确定,法官会综合购房背景、出资数额,尤其是公平角度来判定,没有统一定论
	双方出资,登记在二人名下	不考虑出资情况,一概平分
	一方出资,登记在对方一人名下	通常是出资方不具备购房条件的,才以对方名义购房,按共同共有处理。如果没有特殊情形,多会视为以结婚为目的的赠与,按登记方个人财产处理
	一方出资,登记在自己名下	个人财产。婚后共同还贷的,给对方补偿款即可
婚后购房	一方父母出资的,房子登记在自己子女名下	如果是全部房款或者是全部首付款,视为对自己子女的赠与,适用解释三。共同还贷的部分,核算后给对方一半的补偿
		如果是部分首付款,那适用解释二,视为对双方的赠与
	一方父母出资的,房子登记在对方或双方名下	对双方赠与,共同共有
	双方父母出资的,房子登记在出资方子女一人名下的	双方父母共同支付了首付款,由子女还贷的,按解释二,共同共有,这样更公平,依据明确
		双方父母出全资的,按份共有,适用解释三。这完全符合解释三的立法本意
		与子女婚后财产共同出资构成的首付款,那父母出资视为对方的赠与,适用解释二,房子为夫妻共同共有

续表

购房时间	出资类型	处理办法（不考虑另有约定/有无房本等情况）
婚后购房	双方父母出资，房子登记在子女双方名下的	即便出资额不等，也是平分
	一方用婚前个人财产出资的	房子在自己名下的，如果支付的是全部首付款，先按份处理后再按共同共有处理；如果支付的是全部房款，按个人财产处理
		如果房子在双方或对方名下，那个人财产出资行为视为对对方的赠与，整个房子按共同共有处理
	婚后双方共同借了全部或部分购房款的	共同房产，共同债务
	婚后一方借了全部购房款的或全部首付款的	双方认可且共同还款的，共同房产，共同债务
		如果一方私自借款，对方事后认可并共同还贷的，共同房产，共同债务
		极端情况是一方私自借款，房子在借款方名下，由借款方父母还借款的，如果没有其他因素，那就是个人财产
离婚时房产不予处理的情形	没有取得房产证且双方协商不了的	取得房本后另诉
	只有一处住房，且有贷款，双方都要房的	离婚后另诉
	两限房的申请表中有第三人参与申请的	协商不了的，另诉
	都主张是个人财产，双方都不同意评估的；或者一方主张是个人财产，另一方主张是共同财产的，诉讼中任何一方都没有申请评估的	另诉
	房产中有父母的名字	涉及第三人，另诉

续表

购房时间	出资类型	处理办法(不考虑另有约定/有无房本等情况)
政策房	经济适用房	尽量以登记方取得产权为主,但掌握得比较松。分割价格基本按市价走,评估的话通常会对政策价和市场价分别进行评估,然后调解结案
	从单位或部队取得的产权房	基本都是让员工、军人一方取得产权。有房本的,完全按市价分割
	两限房	调解为主,价格绝不是市场价,比经济适用房严格
补偿款计算公式	适用情形:一方用个人财产支付全部首付,用共同财产还贷的,对于还贷的本金及增值部分的计算	共同还贷部分/(总房款+共同偿还的利息)×当前房屋市场价
		共同还贷部分/(总房款+全部利息)×当前房屋市场价
		按增值倍数计算,适用于调解,易于当事人理解
		共同还贷部分/(个人已付部分+共同已还部分偿还)×(当前房屋市场价−未还贷部分)

四、婚姻中的三个特殊账户

(一) 婚姻账户建构模型

正常的夫妻财产应该包括两个账户：第一是共同账户。夫妻有共同的规划、共同的目标，匹配共同的账户，能让夫妻关系更融洽；第二个是个人账户。个人账户是保护每个人有自由的权利，往往由房产、保险构成。

如果有条件，还应当准备隔离账户和共同梦想账户。隔离账户往往是为了抵御债务风险，建立家庭与企业（事业）的防火墙，适合高净值人群配置；而共同梦想账户则是为了建立夫妻统一的梦想，它是从双方心愿达成出发，可以保证夫妻关系更和谐、充满憧憬和展望。

我们用图4-2来表示婚姻账户的建构模型，从左到右，安全性和稳定性越高，越容易实现婚姻关系的自由和平等。

图4-2 婚姻账户建构模型

我们分别来看，第一个是只有共同账户，除非经过特别约定，否则夫妻财产都是共同账户，不做任何财富规划的夫妻，只有一个账户，那就是共同账户,所有的财产都是共同财产,这样的夫妻,往往抵御风险的能力最差,也最缺少平等和自由。

第二个增加了个人账户,个人账户可由婚前的个人全款房、婚前的保险(保障型、储蓄型)、婚后保障型保险、婚后特定保障型保险、有合同约定的赠予或继承、婚后特别架构的保险、家族信托的受益权、婚后约定属于个人的其他财产等组成。

第三个增加了隔离账户,这一账户的本质是存一笔钱,但这笔钱在法律上不属于夫妻个人也不属于共同财产,但是夫妻可以控制的财产,它可以由特殊架构的保险、家族信托、代持(有完善的法律文件)等组成,它不会被追债,能够让夫妻即便面临最差的境况,也不至于流落街头,依然有体面的生活。

第四还增加了一个特别的账户,叫共同梦想账户,它是夫妻双方共同的生活目标(譬如换一个大房子、攒一笔国外旅游的钱等)或者共同的兴趣爱好(譬如建立一座私人美术馆、创立慈善基金等),建立这个账户,可以让夫妻双方一起做一件有目标的事,为了这个目标而努力和奋斗,既让生命充满意义感和仪式感,升华双方对婚姻的信仰,也能最大程度保证婚姻关系的新鲜感,让爱情不冷却。

除开第二章我们已经详细论述过的由共同财产组成的共同账户,其他三个特殊账户,分别有不同的功能,它们的设立,能够在财富之上,为我们带来最大的安全感和幸福感,接下来,由笔者一一为诸君论述。

(二)个人账户

如图4-3所示,其基本涵盖了个人账户的主要组成内容,前文中我们已经对赠予和继承、婚后约定等进行了探讨,本节笔者将主要针对个人账户中最重要的两类内容进行论述,即房产和保险。

1. 婚前的个人全款房(按揭房)

通常情形下,如果要在结婚前买房子,而且不是以按揭的方式买房子的话,要注意以下三个要点:

(1)首先要保证自己在结婚前付清与房产购买相关的所有款项,包括

图 4-3　个人账户的内容

购房款、契税、公共维修基金等各项费用。这些费用不要结婚前付一部分，结婚后付一部分，而是要在结婚前全部付清。

（2）结婚前不仅要签订房屋买卖合同，而且一定要将产权证办理妥当，并且产权证上面的登记产权人只有自己，不涉及其他人。

（3）涉及房产的其他费用如果需要在婚后支付的，请不要用夫妻共同财产的存款来缴纳，而是用自己的婚前个人存款来付钱，并且在支付与房产相关的费用时，采用银行转账的方法。

举个例子：有的人在结婚前把房子买了下来，也办完了产权证，但是他却要在结婚后装修房子。大家知道，装修房子是个大活儿，既要花费时间和精力，还要花费金钱，这个时候就要注意了——婚前已经购买的房产如果要在婚后装修，装修时只要涉及费用，就一定要用自己的婚前银行存款支付。为了防止将来说不清楚，不要给现金，而是直接从婚前银行存款的账户转账给装修公司，这样资金的线索就会非常清晰。

规划要点：父母赠与的全款房产，从父母银行卡转账给地产公司，并留存赠与个人的文件；父母赠与的按揭房产，父母银行卡支付按揭，并留存赠与个人的文件；个人房产，也可以与父母按份共有。

与父母按份共有的意思是指父母在购买这套房子的时候，写上自己和子女两个人的名字，并且可以在房屋买卖合同上分清两位买房人的份额，比如说约定母亲占10%的产权，子女占90%的产权。如此，产权证上也会是两个产权人，只不过这种产权证我们管它叫"按份共有产权证"。因为产权证上既有子女的名字又有父母的名字，因此年轻的子女如果冲动起来想处理这套房产时，就逃不过父母的眼睛了。因为无论他是把房产出租、出售还是抵押，合同相对方都必须要求父母到现场签字同意。所以，父母与子女共同拥有房产，是父母掌握房产控制权的一种很好的安排。做到以上三点，无论结婚多少年，婚前购买的住房都会算作自己的婚前个人房产。

2. 个人账户中的最优资产配置工具：保险

善于使用保险工具，对婚姻中个人账户的构建来说，意义重大。因为在所有的金融配置工具中，只有保险和家族信托具备资产隔离、保值增值、避免争产等功能，有其他金融配置工具不具有的先天优势，所以建立婚姻个人账户，必须配置相应的保单。

（1）保单离婚分割（见表4.2）

表4.2　　　　　　　　保单性质及分割情况

	投保时间	保费来源	投保人	被保险人	保单现金价值性质及离婚分割
情形一	结婚后	夫妻共同财产	夫或妻	夫或妻	夫妻共同财产/要分
情形二	结婚后	一方个人财产	男方	男方	男方个人财产/不分
情形三	结婚后	一方个人财产	男方	不限	男方个人财产/不分
情形四	结婚后	双方共同财产	第三人	夫或妻	第三人财产/无需分割
情形五	结婚后	一方个人财产	第三人	夫或妻	第三人财产/无需分割
情形六	结婚后	夫妻共同财产	夫或妻	第三人	不分割可能性相对较大

婚姻关系存续期间以夫妻共同财产投保，投保人和被保险人同为夫妻一方，离婚时处于保险期内，投保人不继续投保的，保险人退还的保险单现金价值部分应按夫妻共同财产处理；离婚时投保人选择继续投保的，投保人应当支付保险单现金价值的一半给另一方。

（2）保险金婚姻财产性质，见表4.3。

表4.3 保险金婚姻财产性质

	投保时间	保费类型	保险金类型	保险金受益人	获得保险金性质
情形一	结婚前	意外险或健康险	伤残或疾病保险金	夫或妻	一方个人财产
情形二	结婚后	意外险或健康险	伤残或疾病保险金	夫或妻	一方个人财产
情形三	结婚前	意外险或健康险	死亡保险金	夫或妻	一方个人财产
情形四	结婚后	意外险或健康险	死亡保险金	夫或妻	一方个人财产
情形五	结婚前	终身寿、定期寿	身故保险金	夫或妻	一方个人财产
情形六	结婚后	终身寿、定期寿	身故保险金	夫或妻	一方个人财产
情形七	结婚后	年金险	生存年金	夫或妻	夫妻共同财产
情形八	结婚前	年金险	生存年金	夫或妻	依法理推定为个人财产可能性更大

富安百代家族办公室 制

婚姻关系存续期间，夫妻一方作为被保险人依据意外伤害保险合同、健康保险合同获得的具有人身性质的保险金，或者作为一方受益人依据以死亡为给付条件的人寿保险合同获得的保险金，一般认定为个人财产，但双方另有约定的除外。

因此，我们在使用保险这一工具时，需要先认真分析自己的现状。如果是自己的婚前财产保障，那么可以选择在婚前购买保险并足额交清保费，这种保险配置架构下的保单仍然是个人财产，保单现金价值不受日后婚姻变动影响；如果担心自己的健康及意外风险，想在婚后给自己更多的基本保障，完全可以考虑给自己在婚前、婚后购买大额的健康险及意外险。如果出险，自己作为伤残及大病保险金受益人，此部分受益均为婚后个人财产，免受婚姻风险冲击。同时，也可以考虑为子女购买年金保险，父母可以选择同时做投保人及受益人，并将该保单附加万能，这样生存年金部分为父母的财产，子女婚姻出状况的话不仅保单本身不会面临被分割，生存年金部分也可以免于被分割；子女一旦身故，保险金也与子女配偶无关，最大化保护权益；也可以由子女作为保单受益人，家中的父母无论在子女结婚前还是结婚后，都可以购买终身或定期寿保险产品，父母一旦身故，子女可以获得巨额赔偿，同时该笔保险金为个人财产，轻松隔离子女婚姻风险。

(三)隔离账户

一般人们提到这个词，首先会想到外汇中的隔离账户，虽然二者的基础功能都是为了保障资产安全，但此隔离非彼隔离。婚姻中的隔离账户是与个人账户和共同账户隔离开来的单独特殊的账户，在法律上不属于夫妻，但是，是夫妻可以控制的财产。

可能会有人疑惑，隔离账户有必要吗？财产不掌握在我自己手里还有什么意义？其实，对于一些高净值家庭，隔离账户相当于一个防火墙，能在事业出现变故或其他风险发生时给家庭一个基本生活的保障，规避风险，不威胁其他家庭成员。隔离账户有三个组成部分，分别是家族信托、特殊架构的保险和代持财产。

1. 家族信托

高净值人士将家族资产转移给受托人持有，并同时指定信托的受益人，受托人根据信托协议的要求、按照委托人的意愿，为受益人的利益或者特定目的，管理或处置信托财产，实现财富的有效管理及传承。由于信托财产具有独立性之外，还可以与其他财产隔离开来，所以能充分保证财产的安全性。除了独立性之外，家族信托还具有灵活性，委托人可约定信托运作的一系列其他事项，使之切实符合个人意愿。这不仅能实现财富传承，还可以保障子女生活、赡养父母等，达到全方位、有效地管理家族财富的目的(见表4.4)。① 家族信托一系列的优点让其成为家庭财富传承和资产隔离的重要选择。

表4.4　　　　　　　　标准化保险金信托分配方案

名目	分配方式及金额
基本生活	60岁前： 每年分配信托利益( )万( )千元整，分配日为每年12月20日后10个工作日内； 每半年分配信托利益( )万( )千元整，分配日为每年6月20日、12月20日后10个工作日内； 每季度分配信托利益( )万( )千元整，分配日为每年3月20日、6月20日、9月20日、12月20日后10个工作日内
养老金	60岁及以后： 每年分配信托利益( )万( )千元整，分配日为每年12月20日后10个工作日内； 每半年分配信托利益( )万( )千元整，分配日为每年6月20日、12月20日后10个工作日内； 每季度分配信托利益( )万( )千元整，分配日为每年3月20日、6月20日、9月20日、12月20日后10个工作日内
学业支持	小学入学一次性分配信托利益( )万元整 初中入学一次性分配信托利益( )万元整 高中入学一次性分配信托利益( )万元整 大学入学(含留学)入学一次性分配信托利益( )万元整
家庭和谐	结婚一次性分配信托利益( )万元整 生育一次性分配信托利益( )万元整

---

① 施莉钰. 法商论财富——全球视野下资产配置和保护传承[M]. 北京：人民日报出版社，2016：119-134.

续表

名目	分配方式及金额
消费引导	购房一次性分配信托利益( )万元整 购车一次性分配信托利益( )万元整
应急金	根据提交医疗发票金额进行一次性分配(发票总数不超过 5 张,发票总金额须超过 5 万(含本数),且该等发票的开具日期不得早于受托人收托之日前 30 日)

| 富安百代家族办公室 制

2. 特殊架构的保险

这里所说的特殊架构的保险,指的是投保人和被保人都不是夫妻的保险。由于保险的所有权属于投保人,如果投保人是夫妻,那么投保人就处于婚姻中,所以保险会被认定是夫妻共同财产,同时也能被执行(债务)。但如果投保人和受益人是他人(父母或是儿女),这份财产就和夫妻隔离开了,那就属于隔离账户。不论以后是否根据情况不同更换投保人,这份资产都是安全隔离的,不会因为夫妻婚变或其他原因而被分割或受到影响。这种特殊架构的保险,是一份对亲人和家庭的特殊保障。

3. 代持财产

所谓资产代持,就是自己出资购置的资产,登记在其他人或者机构名下。近些年来,为隔离债务风险,或考虑安排分配家庭财产,很多人选择将股权、房产、银行存款等财产登记在亲戚好友名下。[1] 在中国的高净值人群中,资产代持现象极具普遍性,不少人将自己的重要资产甚至主要资产委托他人代持,置于代持人的名下。代持安排往往是财产所有权人出于对资产保护、法律规避或隐私维护等方面的考虑,将资产放置或登记在另一位可信任的代持人名下。看似可以保护资产,但往往适得其反,甚至可

---

[1] 蒋力飞. 守住你的财富:律师写给企业家的 49 个财富传承法律忠告[M]. 北京:中国法制出版社,2017:338.

能引发巨大风险。代持的主要资产包括股权、房产甚至金融资产。

资产代持造成了模糊的产权关系，存在巨大的权属隐患。代持人一般都是自己信任的朋友或亲属，由于受到传统观念的影响，许多人通过他人代持资产并不签署书面的法律文书，司法实践中因各类资产代持而引发争议甚至纠纷的案例屡见不鲜。我们先来看看最常见的代持风险。

(1) 道德风险。

资产代持面临巨大的道德风险。通常，资产代持都是"君子协定"，没有系统的法律规定加以规范，也没有完备的法律文件加以约束，而且资产代持多有难以启齿的原因。因此，如果代持人背信弃义，很容易将代持资产据为己有或者损害实际出资人的利益。

以实践中常见的股权代持为例，若名义股东出于私利擅自处分代持股权，比如擅自进行股权转让、质押或以其他方式处分等，实际出资人的权益就面临重大风险。虽然名义股东的此等行为属于无权处分行为，也是违反代持协议的违约行为，实际出资人可以请求法院认定处分行为无效，但是《公司法》司法解释三规定：

> 若处分行为的受让人满足善意取得的相关构成要件（即受让人不知情或者不应当知道；支付合理对价；已经完成过户登记或办理交付），则不能认定该处分无效。

实际出资人只能要求名义股东承担赔偿责任，这在很大程度上会增加实际出资人丧失股东资格的可能性。

(2) 法律风险。

由于资产代持在我国的法律上并没有明确的规定，出资人和代持人之间的权利、义务和责任极其不明确，因此代持资产会面临一系列的法律风险，具体分为代持人婚姻风险和继承风险、债务风险、税收风险、操作风险等。

1) 代持人婚姻风险和继承风险。

代持人婚姻风险和继承风险是首要的法律风险点。代持人发生婚姻变故或意外事件时，代持人名下的所有财产就需要进行夫妻财产分割或者被作为遗产进行继承。由于许多代持行为具有保密性或者完全是口头约定，代持人的配偶和继承人并不知道代持的存在，此时由于没有确定的证据，代持财产就会作为代持人的财产被分割和继承。就算是存在代持协议，由于法律关系模糊，也容易引发确权纠纷，代持关系可能被认定为无效而导致代持财产的流失。

2) 债务风险。

代持也常常引发债务风险。因代持财产置于代持人名下，一旦代持人自身发生债务问题，就会发生代持财产作为代持人的偿债资产被清偿的风险。实践中，这样的案件数不胜数。以股权代持为例，在因名义股东自身情况而发生债务纠纷时，代持股权被法院冻结保全或者执行的情况时有发生。而且在最高院公布的个别案例中，名义股东的债权人对代持股权申请强制执行，隐名股东以其为代持股权的实际权利人为由提出执行异议，要求停止执行未获法院支持。虽然中国并不是判例法国家，这样的判决对于其他案件的法律适用并没有强制约束力，但是这足以让我们对于此类代持所带来的风险保持警醒。

3) 税收风险。

代持财产面临相应的税收风险。虽然根据实质课税原则，实际股东变更公司股权登记仅为形式变更，不发生股权转让所得的企业所得税或个人所得税的缴纳问题。然而，在实际操作过程中，实际股东可能因缺乏足够证据证明代持行为而被税务机关按照公允价格征税，甚至公司作为代持人在持有个人股权的情形下，存在被双重征税的风险。

4) 操作风险。

在资产代持过程中还可能引发其他操作风险，比如股权代持中，可能因无法妥善处理与其他股东的关系以及与公司章程的关系等，导致实际股东长期无法行使股东权利甚至股东地位受到威胁；房产代持中，由于金额较大，并且涉及法律法规、限购政策或实践操作等方面障碍，实际出资人若想在将来把被代持的房产过户到自己名下,可能会遇到操作困难或根本无法办理登记变更手续的情况。

可见,实践中被高净值人群长期认为是一种安全的财产保护手段的资产代持,如果没有搭建系统的风控架构,一旦发生风险,往往损失更为严重。"小马奔腾姑嫂宫斗案"就集中体现了股权代持的风险。

除股权外,借名代持其他资产同样存在风险。各地法院执行案件中常常出现法院将代持人名下财产纳入强制执行范围之后,被代持人才如梦方醒主张权利的情况,但在执行阶段才主张权利往往得不到法院的支持。

如2015年北京市第一中级人民法院作出执行异议之诉的判决,原告陈伯江以杨帆名义买房,之后杨帆背负其他债务且无力偿还,法院查封其名下房屋并决定择日拍卖,陈伯江以借名买房的约定为理由,在强制执行程序中提起第三人异议之诉,主张自己为实际所有人。法院认为,二人约定并不能对抗法院的强制执行,陈伯江只能再另案起诉杨帆请求损害赔偿,而不能立即终止执行程序。

该案中标的物只是一处房产,而高净值人士如有类似情况往往涉案财产更为巨大,代持的道德风险和法律风险问题更为棘手。所以,面对无处不在的代持风险,在做隔离账户的财富管理和规划时,应谨慎规避风险。在保证合法利益不受侵害的前提下,我们也可以用以下方法尽量将风险控制在最小范围内:(1)谨慎筛选代持人,(2)避免违反法律法规强制规定而选择代持方式,(3)规范签署代持协议,明确代持具体内容,(4)将代持财产抵押、质押给被代持人,(5)被代持人要有意识地保留对代持财产的出资、参与管理等相关资料①。

(四)共同梦想账户

共同梦想账户就是共同账户的延伸,它为实现家庭的远期财务目标而设置,从共同账户中定时地向这个账户中转入资金,帮助实现夫妻共同的心愿从而真正实现"富贵成双"。

---

① 蒋力飞.守住你的财富:律师写给企业家的49个财富传承法律忠告[M].北京:中国法制出版社,2017:339-342.

有了共同梦想账户之后，夫妻双方就拥有了共同的愿景和目标，两个人会一起为了这个目标而奋斗，比如说为了一幢新房子、一辆汽车、一趟出国旅行等。至于梦想是什么并不重要，共同分享这个梦想才是最重要的。夫妻双方为了共同的梦想而努力，会让婚姻关系更加稳定和持久，将共同梦想实践得最完美的就是曾经的世界首富比尔·盖茨：

案例

持久保鲜的婚姻，是拥有共同目标的婚姻

比尔·盖茨曾在 Reddit 论坛上说："我不喜欢为自己买服饰或珠宝，但是我很喜欢为我的太太购买很多东西。"还说："与妻子结婚，是我做过最好的决定。"

这话放在别的男人嘴里说出来倒也不稀奇，但是首富说这话，就真会让人控制不住地起八卦之心，是什么样的女人能让首富拜倒在她的石榴裙下？这对首富夫妻有什么样的爱情保鲜秘诀？

想拥有持久保鲜的婚姻，需要共同的目标！

比尔·盖茨与梅琳达结婚时，盖茨的父母送了他们一座雕像，雕像中的两只小鸟肩并肩地凝望着地平线，这座雕像现在还矗立在他们的房子前方。寓意是，拥有共同的愿景和方向。

而比尔·盖茨与梅琳达的共同目标是：做慈善。在结婚以前他们就探讨过，最终要将大量精力用于做慈善。在他们看来，自己如此富有，而世界上有几十亿人几乎一无所有，这很不公平。这是他们做慈善的初衷。打开比尔及梅琳达·盖茨基金会的主页，你会看到这句话：众生平等，我们急切而乐观地投身减少不平等现象的事业。他们是这么说，也是这么做的。

1994 年，受父亲老盖茨的影响，比尔·盖茨决定开展慈善工作，并建立了 9400 万美元的基金会。3 年后，盖茨和夫人梅琳达又成立了一个新的基金会——盖茨图书馆基金会。梅琳达为了支持慈善事业，

从微软辞职，全身心投入。

2000年，盖茨夫妇决定将这两个家族基金会合并，正式成立了"比尔及梅琳达·盖茨基金会"（Bill & Melinda Gates Foundation），一起实践他们共同的心愿和目标。①

2006年，比尔·盖茨宣布，他将逐步放弃微软公司的日常事务，退居幕后，开始全身心地投入慈善事业中来。同时，他还对外界宣布不会将个人财产留给自己的继承人，而会将其个人资产的95%捐给慈善机构，并且将在他和妻子去世后的20年内全部捐赠出去。

粗略估算，自2008年之后，盖茨基金会每年必须用于慈善的资金大约为40亿美元。截至2015年底的统计数据显示，基金会的总捐款数额已达367亿美元。

比尔·盖茨与梅琳达每年会写一封公开信，谈谈自己对世界问题的关注和看法，两人每次一起出现，一起讲话，总是甜蜜蜜的。2018年2月13日，盖茨与梅琳达发布了回答全球关心的十大问题，在第十封公开信时他们又合体秀恩爱了。当被问到"梅琳达·盖茨长什么样？"盖茨眼里带笑地回答说："本人和视频里的样子几乎没区别。"回答深深透着"为妻骄傲"的感觉。听到丈夫的回答，梅琳达开心得低头撩了一下头发。不得不说，这样的夫妻关系太让人羡慕。

现在的比尔和梅琳达，不再是年轻的CEO和刚毕业的女学霸，他们携手走过半生，一起创造一个幸福的家庭。老了还能肩并肩站在一起改变世界，两人一直有着共同努力的目标，彼此相伴成长。盖茨说："伴侣有两层含义，而我们两者皆是：既是生活伴侣，也是工作伴侣。"在过去的多年中，他们不仅实践着共同的心愿和目标，而且在共同价值观的相互影响下，他们的婚姻关系更加稳定和保鲜。

很多夫妻在一起过日子的时候，两个人几乎没有梦想过什么，甚至连

---

① 黎友焕，龚成威. 比尔·盖茨慈善捐赠与启示[J]. 生产力研究，2009（20）：116-118.

自己的梦想都没有。我们不妨现在就想想看，当两个人一起生活却没有共同的目标，然后就只是单凭个人的喜好兴趣去生活，都在强调"我的需要"，那么两个人之间怎么可能有所交集？夫妻双方都活在各自的世界，等着别人来妥协或者配合自己，这估计不会发生什么好事情吧？

所以，想要经营成功幸福的婚姻关系，就必须有意识地去设定共同的目标，并为此付诸行动、一起执行。在达成目标的过程，一起参与、一起交流、互相帮助，这个时候彼此的隔阂和高墙才有机会消融，爱的激情和活力才能延续下去。

这里还要强调的一点是：在一个家庭里，不要把所有精力放在赚钱和孩子上，要预留一点空间和时间给自己的伴侣，一起来创造更多爱的体验。如果你即将踏入婚姻的殿堂，那么，你需要趁第一个阶段的爱情烧尽之前，尽快找出你们两个人之间的共同目标。这种爱情比那些激情燃烧的爱情更长久。维持爱情的，除了你们的意志和努力，还有你们共同的梦想。

五、离婚三件事,需要怎么做?

谈完婚姻财富架构的问题,笔者认为还是有必要把离婚话题也跟读者朋友们做一下简单的梳理。很多人可能觉得离婚错综复杂,其实不然,离婚归根结底就三件事:离不离、抚养权归谁、财产怎么分(见图 4-4)。把这三件事解决好,曾经相爱的人也不至于充满仇恨地分离。

离不离

抚养权归谁

财产分割

富安百代家族办公室 制

图 4-4 离婚要解决的三件事

(一)离不离?

不管离婚的原因是什么,法院认定离婚的标准归结只有一个,那就是夫妻感情不和以致破裂。

离婚有两种方式,一种是在民政局办理协议离婚,另一种是在法院办理诉讼离婚。诉讼离婚要花费大量的时间和精力,还会产生诸多费用(诉讼费、律师费等)(见图 4-5),甚至还有财产冻结的可能。据 2016 年官方数据统计,离婚夫妻里约有 83% 选择了和平协议离婚,17% 选择了对簿公堂。俗话说好聚好散,能协议就不要诉讼,诉讼既伤感情又浪费人力物力。

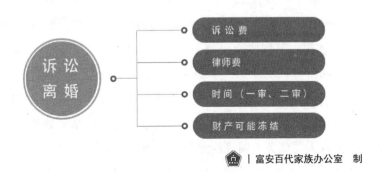

图 4-5 诉讼离婚的花费

(二)抚养权归谁?

父母对孩子享有亲权、抚养权和监护权,亲权和监护权不受父母婚姻关系解除的影响,所以抚养权成为父母离异时争夺的焦点。抚养权问题处理不慎,可能会给孩子留下心理阴影,影响孩子健康成长。孩子永远是离婚最大的受害者。

"可怜天下父母心",父母含辛茹苦一辈子,很多是为子女能有幸福的生活,即使离婚了,也希望子女能在最合适的地方健康成长。对于法院来说,判决抚养权时,一般根据有利于子女成长原则进行,主要考虑因素有夫妻双方学历、工作、收入、年龄、家庭环境、子女年龄等。

根据子女年龄来说的话,孩子2岁以下,一般随母亲生活;孩子2~10岁时,判给有利于孩子成长的一方(判断有利的标准,往往倾向于财富更多的一方);孩子若10岁以上,除遵循有利于孩子的原则以外,还可以有限参考孩子的意见。

(三)财产如何分割?

提钱伤感情,不提钱没感情,财产分割直接关系切身利益,是最容易产生矛盾和冲突的。财产分割需遵循三个原则:(1)婚前财产分别所有,(2)可以约定婚后财产分别所有,(3)婚后财产共同所有。

简单来说就是，婚前个人财产与婚前约定各为所有，婚后共同财产平等分割。看起来简单，但实际却要复杂的多。婚前个人财产、婚后共同财产以及二者易混淆的部分在上一节已详细说明，此处不再赘述。此处需要读者们注意的是，婚姻财产分割时的两个风险：

1. 第一个风险：共同债务

婚姻法司法解释（二）中第二十四条关于夫妻共同债务的解释，曾让无数人"被负债"。这个解释曾规定：债权人就债务人婚姻关系存续期间夫妻一方以个人名义所负债务主张权利的，应当按夫妻共同债务处理。但夫妻一方能证明债权人与债务人明确约定为个人债务的除外。

这一解释自 2004 年施行以来，就陷入了巨大争议之中。不少人直到离婚了，才发现"被负债"——婚前配偶背着自己在外面打借条，纵然自己不知情，也有可能因为夫妻关系而承担责任。（网上有大量第 24 条受害者，呼吁取消第 24 条）

中国目前高居不下的离婚率，脆弱的夫妻关系，加上旺盛的民间借贷，让这一法条的威力被无限放大，以至于无数背上另一半债务的人们，将其高呼为恶法。

但现在，这一现状终于迎来了改变。据最高法发出的消息，最高法发布《关于审理涉及夫妻债务纠纷案件适用法律有关问题的解释》①（后简称《解释》），《解释》第三条规定：夫妻一方在婚姻关系存续期间以个人名义超出家庭日常生活需要所负的债务，债权人以属于夫妻共同债务为由主张权利的，人民法院不予支持，除非债权人能够证明该债务用于夫妻共同生活、共同生产经营等。

根据这个司法解释，夫妻一方以个人名义所负的债务，尤其是数额较大的债务，认定该债务是否属于夫妻共同债务的标准，是债权人能否证明债务用于夫妻共同生活、共同生产经营。

如果债权人不能证明，则不能认定为夫妻共同债务。同时，对于《解

---

① 最高人民法院《关于审理涉及夫妻债务纠纷案件适用法律有关问题的解释》法释〔2018〕2 号，该司法解释将自 2018 年 1 月 18 日起施行。

释》施行前,经审查甄别确属认定事实不清、适用法律错误、结果明显不公的案件,人民法院将依法予以纠正。

在我们看来,这一变化是根据中国社会现状进行的非常善意的调整。这一解释实行后,此前莫名其妙就背上另一半债务的情况,将从债务形成的源头上,被尽可能地杜绝。它满足了我们对司法愿景公平正义的期许,无辜配偶再也不怕被连累、被伤害,当然,在此也提醒债权人,借出去的钱,如果夫妻没有共同签字,就不是共同债务。

2. 第二个风险:一方隐匿或转移资产

我们先来看一个案例。

案例

丈夫隐匿财产,太太离婚后发现还能主张分割吗?

王浩经营了一家建筑公司,李丹原是一家高级酒店的经理。他们在李丹工作的酒店相识,偶然闲聊后发现很投缘,各自条件也很匹配,于是双方在拍拖半年后就成婚了。婚后,李丹辞去工作,成了全职太太,平时在家带带孩子,照顾双方父母,从来不插手王浩公司的事儿,对公司的情况也不清楚。她平时还跟自己的小姐妹说,踏踏实实嫁人,比一心拼工作幸福得多呢。男主外女主内,本来以为生活可以像这样一直美下去,然而王浩却有了外遇。

王浩应酬很多,一直回家很晚,经常出差,所以丈夫"红杏出墙"大半年,李丹都毫不知情,直到接到"小三"说"怀了王浩孩子"的电话,李丹才知道事情原委。而面对李丹的质问,王浩没有做任何解释或否认,沉默许久后,最后说"离婚吧,我们回不去了"。

那一刻,李丹的心一下子凉了,几年风雨几年朝夕,他一句"回不去了"就结束了,既然回不去了,那就各自向前看吧。李丹决定同意离婚,为自己在这段感情里保留最后的尊严。

于是,两人很快就解除婚姻关系达成一致,在进行财产分割时,王浩说公司经营亏损严重,还欠着很多外债,是他对不起李丹,所以两人婚后购买的唯一一套房屋归李丹所有,公司的事情由他一人负责。于是两人很快达成协议,房子归李丹,公司归王浩。

李丹本来对这样的结局是比较满意的,虽然王浩背叛在先,但他毕竟在分割财产时照顾了自己。她甚至天真地以为,虽然爱情不在了,但多年婚姻生活积累的感情还是有的。

然而,在一次跟朋友的聊天中,她意外得知,王浩公司经营很好,每年净赚上千万,根本就不存在王浩说的"经营亏损严重",而且王浩在郊区还有好几套别墅,李丹分到的那套房子算是王浩价值最低的财产了,这让李丹既震惊又气愤。想想自己把最好的年华给了对方,事业因此停滞,结果不仅遭到背叛,而且对方用一套最不值钱的房子就把她打发了事。

被打击得体无完肤的她,决定拿起法律武器,来保护自己的合法权益。经过半年调查,李丹取得了王浩公司的盈利财务报表等部分证据,于是立即提起诉讼,要求分割王浩隐匿的财产,以及对所隐瞒的公司股权及其收益进行分割。

《中华人民共和国婚姻法》①第四十七条规定:离婚时,一方隐藏、转移、变卖、毁损夫妻共同财产,或伪造债务企图侵占另一方财产的,分割夫妻共同财产时,对隐藏、转移、变卖、毁损夫妻共同财产或伪造债务的一方,可少分或不分。离婚后,另一方发现有上述行为的,可以向人民法院提起诉讼,请求再次分割夫妻共同财产。

夫妻离婚或离婚后财产纠纷中,常有一方以另一方转移隐匿资产为由要求多分财产,另一方则以日常生活支出或对方知情进行抗辩。清官难断家务事,只有明确隐匿、转移资产的具体细节,才能公平合理地分割财产。

---

① 根据2001年4月28日第九届全国人民代表大会常务委员会第二十一次会议《关于修改〈中华人民共和国婚姻法〉的决定》修正。

第五章
子女财富支持规划

法商思维下我们与孩子的关系本质是『导游』，我们与孩子是独立的个体，孩子享有独立人格，孩子不是我们的财产，他（她）属于他（她）自己，有自己的路要走，我们与孩子的关系最终指向的是分离。

尊重孩子有自己的路要走，尊重孩子作为一个拥有独立人格的人而存在，当你明白自己只是孩子人生的一个『导游』时，就不会因为孩子不再依赖你而感到失落。

对子女的财富支持，就是从小让孩子建立起『父母的财富属于父母，孩子的财富属于孩子』的财富从属观念，在孩子小的时候照顾孩子，为他（她）设立专属账户，在孩子成人时，为他准备传承账户，让孩子的一生都处在对财富的正确认知和安全感之中。

一、法商思维下我们与孩子的关系本质："导游"

很早之前，笔者在朋友圈看过一篇文章，题目叫做《我们深爱的孩子，他们爱我们吗？》，讲的是一对高知父母，夫妻两人都是大学教授，他们的女儿独自在外地求学。一个暑假，这对父母悄悄来到女儿求学的城市，没有提前打招呼，想给女儿一个惊喜。他们准备了无数女儿爱吃的零食，并对此行充满期待。

然而，惊喜变成惊吓，女儿见到千里迢迢赶来的父母，非但没有丝毫欣喜，反而觉得父母不尊重自己，满肚子怨气，因为她已经提前和朋友约好旅行。妈妈说我们想念宝贝女儿了，可女儿说天天微信交流，还有什么好想的，你们的感情也太泛滥了。最终，女儿跟同学匆匆而去，让爸妈自己去玩。这对父母越想越委屈，于是匆忙改了机票提前回家。

这篇文章在朋友圈引发了很多讨论，尤其五六十年代出生的父母们，始终搞不清楚自己到底做错了什么。这样的境遇，他们无法理解。笔者的一位老友，更是情绪激动，在朋友圈转发说："现在的孩子和我们这代人不同了，当年我们读书，有家人来探望是多么的高兴啊。而我去看女儿，她却只顾玩手机……"并配上了无数个发怒和流泪的表情，笔者在朋友圈回复老友：母爱和父爱，是一场得体的退出。

不知这位老友是否能领悟笔者的意思，站在儿女的角度，有时候父母的关爱对她来说也会成为一种隐性的负担。其实，在这个事件中，父母与女儿都有不对的地方：

如果我是那个女儿，可能会在暑假不回家的时候，提前告诉父母自己的安排，毕竟假期，父母对子女还是充满期待，而作为年轻人，我们也开始有了自己的生活，希望他们可以理解。

如果我是那对父母，应该会提前给女儿打电话，并且提前安排好自己的行程，不会要求女儿做导游。当然，提前打电话，也是为了问女儿是否可以安排时间顺便跟爸妈吃顿饭，或者花半天时间带爸妈游览一下校园。可以寻求孩子的建议，但不必给孩子造成压力。对孩子过度亲密是对孩子成长的拒绝，孩子应有自己的空间。

所以你看，站在各自的角度，每个人都有自己的立场，也并无对错之分。那一对父母之所以会委屈，是因为感觉自己的付出和真心并没有得到女儿同等的回应，这是很多中国式父母的思维惯性。这里的核心问题在于：他们始终把孩子当作自己的"财产"，而没有把他们当作一个独立的人去看待。

我们仔细想一想，我们这代人，也大多在父母那里经历过无意识地被控制、被设限，你希望这种控制和设限在自己孩子身上循环吗？作为父母，我们首先需要打破的，就是这种无意识的期待。我们仔细回想一下，身为父母，是否在生活中无时无刻不在感受着自己控制的倾向呢？要么用权威去强迫，要么为了满足孩子的需要而妥协，随着孩子的长大，会在生活中不时地觉察到这样的瞬间。

这可能需要我们一生的修炼，来打破自己，打破用自己期待给孩子设限的倾向。作为父母，我们需要做的是成为孩子成长路上的引路人或向导，给他提供环境和机会，带他去体验无限的可能，在他的手中尽可能多放几把钥匙。而将来，他要选择打开哪扇门，完全由他自己来决定。

父母和孩子，终究还是相互独立的个体，我们曾经彼此依赖，共同前行过一段路程，为的是在生命中彼此成全，各自绽放，然后，远远地欣赏。所以，父母就像是孩子的"导游"，孩子小的时候，父母照顾孩子；孩子长大一些，父母引导孩子；孩子长大成人了，父母需要的是放手。要始终清醒地认识到，父母与孩子的关系最终指向的是分离，父母的功课是承担责任和放手，如果到了这一天，你发现孩子不再依赖你，请不必失落，你该明白，伴我们终老的那个人不是孩子，而是和我一起把孩子带到这个世界的孩子他爹、孩子他妈。而孩子，也将拥有自己的伴侣和他们自己的人生（见图5-1）。

图 5-1 他用背景告诉你，不必追

这里需要特别指出的是，在一个家庭中，是先有了夫妻关系，然后才有了亲子关系，因此夫妻关系要优于亲子关系。当夫妻关系没有得到尊重时，亲子关系也不能良好发展。很多人在有了孩子后就忽略了伴侣，把所有的爱都投注到孩子身上，这是危险的，对伴侣、孩子、夫妻关系都伤害很大。

在社会学上，有学者曾提出"核心家庭"和"衍生家庭"的概念，一对夫妻+子女这样的两代人叫做核心家庭，三代甚至四代则叫做衍生家庭。中国比较注重血亲关系，所以我们的家庭结构大多是"大家庭"，逢年过节祖孙三代这样的场景不胜枚举。而西方人对血亲关系并不像中国人这样重视，西方核心家庭占绝对主导地位，衍生家庭很少。

所以，关于父母与孩子关系的问题，美国人比我们有更清晰的认知分野，正所谓"当局者迷旁观者清"。比如在美国哈佛大学，有一个费正清研究中心，这个中心的学者们研究的课题是：如何与未来中国打交道？在他们看来，30年后，人类历史上将迎来一个完全由独生子女组成的国家，这个国家不是小国而是大国，他们将如何与世界相处？这是福音还是灾难？美国学者必须为世界研究预案。

你看，连我们的对手都已经清醒地看到了中国的变化，我们自己是否也需要改变呢？在这里，笔者向诸君推荐一篇散文，由中国台湾学者龙应台所写的《目送》，篇幅不长，短短千字，但却用极其细腻的笔触，道尽了父母与孩子关系的本质，部分原文摘录于此：

> 华安上小学第一天，我和他手牵着手，穿过好几条街，到维多利亚小学。九月初，家家户户院子里的苹果和梨树都缀满了拳头大小的果子，枝丫因为负重而沉沉下垂，越出了树篱，勾到过路行人的头发。
>
> 很多很多的孩子，在操场上等候上课的第一声铃响。小小的手，圈在爸爸的、妈妈的手心里，怯怯的眼神，打量着周遭。他们是幼稚园的毕业生，但是他们还不知道一个定律：一件事情的毕业，永远是另一件事情的开启。
>
> 铃声一响，顿时人影错杂，奔往不同方向。但是在那么多穿梭纷乱的人群里，我无比清楚地看着自己孩子的背影——就好像在一百个婴儿同时哭声大作时，你仍旧能够准确听出自己那一个的位置。华安背着一个五颜六色的书包往前走，但是他不断地回头；好像穿越一条无边无际的时空长河，他的视线和我凝望的眼光隔空交会。
>
> 我看着他瘦小的背影消失在门里。
>
> 十六岁，他到美国作交换生一年。我送他到机场。告别时，照例拥抱，我的头只能贴到他的胸口，好像抱住了长颈鹿的脚。他很明显地在勉强忍受母亲的深情。他在长长的行列里，等候护照检验；我就

站在外面,用眼睛跟着他的背影一寸一寸往前挪。终于轮到他,在海关窗口停留片刻,然后拿回护照,闪入一扇门,倏忽不见。

我一直在等候,等候他消失前的回头一瞥。但是他没有,一次都没有。

现在他二十一岁,上的大学,正好是我教课的大学。但即使是同路,他也不愿搭我的车。即使同车,他戴上耳机——只有一个人能听的音乐,是一扇紧闭的门。有时他在对街等候公车,我从高楼的窗口往下看:一个高高瘦瘦的青年,眼睛望向灰色的海;我只能想象,他的内在世界和我的一样波涛深邃,但是,我进不去。一会儿公车来了,挡住了他的身影。车子开走,一条空荡荡的街,只立着一只邮筒。

我慢慢地、慢慢地了解到,所谓父女母子一场,只不过意味着,你和他的缘分就是今生今世不断地在目送他的背影渐行渐远。你站立在小路的这一端,看着他逐渐消失在小路转弯的地方,而且,他用背影默默告诉你:不必追。

……

——摘自龙应台《目送》①

不必追,如此循环,代代如此。

不过,你大可不必为此伤心动气,因为这才是父母与子女正确的关系。自从人类产生家庭伦理以来,父母与子女的关系就在以迅雷不及掩耳之势朝"导游"的方向发展。从某种程度上来说,这种关系的不断确立反而是一种进步,是人类的一种"进化",因为它给了我们打破先祖设限的可能性,让我们的后代能比我们走得更远。

但是,许许多多中国式的父母,因为几千年家庭伦常所产生的文化惯性,很难真正对孩子放手,从这一点来说,中国可能是全世界对孩子设限

---

① 节选自龙应台《目送》,生活·读书·新知三联书店,2009年版。

最多的国家,而中国的孩子也是世界上"最苦"的一群。前不久在网上引发大争论的"豫章书院事件",就是这种思维惯性的外在表现。

案例

"豫章书院"的启示:"好孩子"是一个固定模板吗?

在江西南昌,有一个"特殊"的书院:豫章书院,它专门面向问题少年招生,却屡屡因被曝虐待孩子而引起网友热议。有位曾在这儿上学的孩子说:"这里是地狱,是阳光洒进来都觉得黑暗的地方,是让人难以启齿的黑色世界。"在这里,犯任何错都会被惩罚,拒不拜孔子、偷看课外书、上课不专心就会挨戒尺,若是男女交流、打架、闹自杀很有可能会挨龙鞭(所谓龙鞭,有学生称那就是钢筋)。在这里,几乎每一个孩子的身上都有伤。据一名学生回忆:

有一个9岁的小女孩,因为和校长发生争执,就被一群教官摁在地上抽了30多下,然后又让她跪孔子像直到中暑晕厥。

那些学习不好的、不听父母话的、沉迷网络的、抽烟赌博早恋的孩子,让父母伤透了脑筋,而这所号称可以"纠正"问题少年的学校,给了这些父母一丝希望,可是这希望背后是孩子们一辈子的阴影。

幸运的是,有人将此事曝光,"奥斯维辛集中营式教育"随即引起全网关注。大多数人认为,不知情的家长一定会声讨学院保护孩子。但是,有些家长却发出了这样的声音:

我们知道孩子会被打,但总比逃学好……孩子现在有所改变,我们心里也很安慰,忽然人家告诉我们,豫章书院出事了,要关门了,我们的孩子要被送走了,我们这些流浪孩子去哪里,去你们家里吗?我们今天来,就是为书院说一句话,书院这么多家长,救了我们这么多家长……①

---

① 资料参考自中央电视台第十三频道新闻专题节目《豫章书院是学校还是"地狱"》、江苏卫视新闻眼栏目《揭秘豫章书院》。

面对这样的声音，有人戏谑道：

孩子，应该成为默认模板的样子。若是某一天，他们不再是父母心中的样子，就应该被改造，若是还不行，父母甚至可以响应二胎号召，弃号重练。

这位家长的话，其实已经道出父母与孩子相处不融洽、孩子日渐叛逆的根源，那就是父母习惯了对孩子发号施令，习惯了控制孩子，而处在青春期的少年，叛逆的像头乖戾的野兽，充满力量又横冲直撞，他们极度渴望有自己独立的空间，他们试着自己的事情自己做主，于是便出现了仿佛什么事儿都想跟父母对着干的现象。而很多父母，常常生怕这个叛逆的力量会不受控制，甚至来不及听听"野兽"的声音，一心只想要马上驯服。

当意识到孩子行为出了问题，而自己又难以处理时，父母们便不顾一切将孩子送去强行治疗，试图用一个错误的方式去弥补原来的错误。

"豫章书院事件"所揭示的，正是我们社会上，典型的自己不会教孩子、孩子不符合他的心意，却不觉得自己的方法有问题，一股脑儿把责任都推给孩子的家长类型。成熟的父母，永远应该先了解孩子的感受，而不是发表"大人永远是为了你好"这种谬论。

美国家庭治疗大师萨提亚就曾说：

当孩子确实有错误需要纠正时，充满慈爱的父母通常会采取很坦诚的办法，询问原因，倾听孩子的心声，给予关爱和理解，同时体会孩子的感受。最后，才利用恰当的时机，趁孩子自然地想倾听时才给他们讲道理。

换句话说，成熟的父母不会在第一时间去处理孩子的问题的，他们会先处理孩子的感受。会先思考，是不是自己对孩子的干涉太多了？或者自己对孩子的某些方式不对？

一个豫章书院的曝光，并不会让这些孩子真正解脱，因为还会有下一个"豫章书院"，真正能解救这些孩子的，是他们的父母。当父母能正视自己与孩子之间的关系时，孩子才能真的在一个健康的环境中成长。

（一）尊重孩子，就是要尊重他们有自己要走的路

在孩子刚学会走路的时候，不小心摔倒了。作为父母，你是马上跑过去扶起孩子，还是鼓励孩子自己站起来？很多父母可能会选择去帮助孩子，甚至在孩子哭泣的时候说："都是地不好，摔疼了宝宝。"以此来让孩子停止哭闹。

长此以往，孩子将在很长时间里都学不会自己走路，学不会自己去承担责任。路就在脚下，孩子得学着自己去走，不能永远依靠着父母；父母在此时能够帮助孩子的，只有鼓励和加油，因为我们真的不能替代孩子走好所有的路！

蒙特梭利曾说过一段话："成人在用自己的行动代替儿童的行动时，并不是在儿童的心理上帮助他们，而是在儿童所喜欢由他自己做的所有活动上代替了。"成人阻止儿童自由地行动，他本人就成为了儿童自然发展的最大障碍。笔者有位老友，从事幼儿教育，他曾告诉笔者一个骇人的数据，他教的3~5岁的孩子中，有很多会患感统失调症（学习能力障碍），而且这些年有越来越严重的趋势。

说起来，这种病的根源很多就在于孩子很小的时候，在孩子需要整天爬来爬去的时候，却被孩子的父母、外公外婆、爷爷奶奶轮流抱在怀里，五六个大人轮流照看孩子，舍不得孩子乱爬，于是就整天抱着或者整天放在婴儿车里，结果导致孩子幼时运动不足，大脑对外界感应迟钝，从而患上这种病。如果感统失调不在幼时调整好，将会影响孩子一生。

所以你看，孩子从小开始，就需要我们尊重他有自己要走的路，有自己必经的人生阶段，只不过小时候需要借助我们的照顾罢了。

在美国，家庭教育是以"培养孩子开拓精神，能够成为自食其力的人"为出发点的。父母会从孩子很小的时候起，就让他们认识到劳动的价

值。他们让孩子自己修理摩托车,到外面参加劳动,即使是富家子弟,也要外出谋生。

美国的中学生有句口号:要花钱,自己挣!美国前总统里根的儿子失业后,不靠父亲的权势,而是自己找工作。我国古代文化名人郑板桥先生也说过:流自己的汗,吃自己的饭,自己的事情自己干,靠天靠地不算是好汉!

而反观我们中国的家庭,很多时候是混沌合一的共同体,父母子女之间是不分你我的,我的就是你的,你的就是我的。孩子理所当然地成了父母意识里自己的一部分,是不断的自我的延续,每个孩子或多或少承载了上辈人的一些东西,有的甚至成了孩子潜意识的一部分。当然我们不是否认所有的延续都是不好的。但是当一个孩子的自我成长受到阻碍时,那真的要好好审视一下自己与孩子的关系,到底是谁离不开谁。

所以,不要过度保护孩子,让他去寻找自己要走的路,并要求孩子多跟外界接触,学会应对风险和挫折,学会独自一人处理问题;而不是把孩子关在家里,什么事情都帮孩子处理好,让其在面对问题时如瓷娃娃一样易碎。在这一点上,股神巴菲特的教育方式可以为我们提供借鉴。

案例

巴菲特的教育秘诀:让孩子自由成长[①]

一提到巴菲特,大家的第一印象都是那个叱诧风云的股神。但是,卸下一身光环的巴菲特,还是一个拥有三个孩子的父亲。

巴菲特一直言传身教告诉他的孩子们,他关心的是个人价值,而不是所选择的道路。他直言不讳地告诉孩子们,他对他们有无限的信心,他们该大胆追求自己的梦想。这种"你的人生你做主"的教育理念成就了三个幸运的人。

---

① 根据华尔街见闻公众号相关文章及新华财经、网易财经相关报道等资料整理而成。

小儿子彼得·巴菲特曾问父亲："如果我辍学,您是否会觉得脸上无光?"巴菲特笑着回答:"我知道你一直想做自己喜欢的事情,比如做音乐家,我仍然记得你 7 岁那年,坐在钢琴前,把一首欢快无比的《扬基歌》弹成了哀乐。能把欢快的乐曲弹成哀乐,说明两个问题:一是弹奏者心情糟糕,二是他具备非凡的音乐天分。"于是,中途退学的彼得,大胆地选择投身于音乐创作。

由彼得策划、编写、制作的音乐舞蹈剧《魂》在华盛顿国家广场盛大演出。然后他出了数张专辑,并凭借《500 部落》的配乐获得美国电视界最高荣誉"艾美奖"。人们称赞他:"我很惊讶你竟然没有子承父业,但我更惊讶的是,你居然成了音乐界的'沃伦·巴菲特'。"

巴菲特为彼得的《做你自己》写的序言非常简短:"彼得的人生全凭他自己打造。他衡量成功的标准,不是个人财富或荣耀,而是对广阔世界所做的贡献。"

巴菲特的大女儿苏茜·巴菲特是一位普通的家庭主妇。她创建的舍伍德基金会致力于改善内布拉斯加儿童的生活。她还担任美国第三大家族基金会主席,该基金会在 2014 年总计拿出了 4.2 亿美元善款,主要用于资助低成本避孕措施和生育健康诊所。

大儿子霍华德·巴菲特的经历更是神奇。由于对继续上学深造缺乏兴趣,他陆续从 3 所大学辍学,最终他从泥土中找到了自我价值。其实,对于农业种植的喜爱他从小时候就开始了。"在莫桑比克,和一名农民聊天时,我的双手一直放在泥土里。和全世界的农民都一样,我只关注土地。""爸爸做什么没关系,只要不妨碍我种地就行!"

于是,这位股神的儿子,30 多岁时选择了去当农民,他有 4 个继女和一个即将出生的儿子要抚养。而在他确定了农夫的职业理想后,他的父亲送给了他一块地,他退学后开始艰难地经营农场,这与他祖上经营杂货店的传统完全不同。他种的玉米和大豆长得很好,每个月都将租金如数上交给父亲。

如今,霍华德在美国伊利诺伊州和内布拉斯加州以及南非拥有 60

平方公里的土地，年收入已经超过 100 万美元。

为了亲自了解农业国家贫困的现状，霍华德先后拜访了 142 个国家，包括非洲的 54 个国家。一年有 200 天，他都在路上，不只一次被用黑洞洞的枪口指着，他还曾被威胁、被逮捕、被扣押。他遇到过真正的非洲军阀。一次和猎豹的相遇给他的右前臂留下了伤疤。

同时，霍华德还不时前往世界各地去拍摄关于保护生物多样性的记录片，并给贫困地区的人们提供足够的资源来满足他们的基本生存需要。联合国世界粮食计划署对他的这些行为大加赞扬。他在环境和野生动物保护这些领域出版了六本书籍和不计其数的文章，并在华尔街日报和华盛顿邮报上都有自己的专栏。

据新华社报道，他还鼓励父亲投入基金拯救频危动物，他与父亲共同设立基金投入拯救印度豹的行列中，并建立了一个印度豹保护基地。

霍华德还与盖茨基金会合作投入资金研究抗旱玉米，来帮助非洲农民解决温饱问题……

三个孩子虽选择了不同的路，但他们的人生都很精彩——不仅养活了自己，还实现了自我价值。这得感谢巴菲特正确先进的教育理念：尊重子女的选择，尊重孩子自己选择的路。

当然，教育孩子本身也是一件划分阶级的事，如果你本身富裕，自然可以为孩子提供更多机会和更大的舞台。最让孩子心中充满感激的，并不是父母帮他走完一生，而是在选择人生道路时，孩子手中有足够多的技能、选项。所以，如果条件允许，带你的孩子从小出去开阔眼界，看见未来更多的可能性，是非常必要的。

但若你暂时没有足够的能力，也不要紧。学会去尊重他们，就已经是一个很好的开始了。尊重孩子的基础应该是理解孩子，理解孩子的前提是了解孩子。父母与孩子的关系不应是单方面传授知识，而是平等的相互学习。

每个人都是一个生命体，小草如是，小昆虫如是，小动物如是，人更如是。生物体的本能都是要活出自己。大自然都遵循自然生存的法则，只有人类，才会不断地干扰个体生命的自然成熟过程，才有了现在很多的社会问题。

试想，当一个人的生命被另一个人操控压制，哪怕那个人是生你养你的人，这个人的生命能量也还是会以一种挤压的、变形的方式释放。

其实，人的性格都是逐渐形成的，你对它了解得越深，就越能改变它。尊重孩子的感觉，重视孩子的感受，让他成为他自己，才是孩子人生的美好开端。

（二）鼓励孩子为自己的行为负责

除了尊重孩子走自己的路，还有一点至关重要，那就是要督促和教会孩子为自己的行为负责。笔者身边就不乏这样的例子：

> 妈妈送孩子上学时，孩子突然想起忘记带课本了，就责备妈妈为何前一天晚上不提醒他，并要求妈妈回家拿了送来。但妈妈也要上班，根本没时间回家。无奈在孩子的吵闹下还是回家取了课本给他送去，但她上班也迟到了……

孩子忘记一次，还有第二次、第三次，次次埋怨；家长帮忙弥补一次，难道还要帮第二次、第三次，自己上班次次迟到吗？孩子的过失，就该让孩子自己去承担后果，他需要学会对自己的行为负责。若我们总是代替孩子承担错误，那么就很容易让孩子养成推卸责任的习惯。

孩子才刚刚大学毕业，就给孩子准备了车子、房子和票子，这是在帮他还是在害他呢？孩子刚结婚，就把大把大把的钞票送到他手里，让孩子一瞬间完成财富积累，这是在帮他还是在害他呢？在这一点上，巴菲特又给我们上了生动的一课：

案例

巴菲特教子：温柔而坚定地建立孩子的规矩①

……生活中，巴菲特对孩子们似乎吝啬得很。巴菲特曾给大儿子霍华德买下了他现在经营的农场，而霍华德必须按期缴纳租金，否则巴菲特立即收回，这对于退学不久的霍华德来说，艰难可想而知。但艰难的处境往往更能锻炼人，巴菲特一家的朋友迈克尔·延瑞评价霍华德说："他非常聪明，对商业具有高度的敏锐感，但尤为重要的是，他继承了他父亲身上那种诚实、正直的美好品质。"

巴菲特对小儿子彼得音乐事业的支持绝对限于金钱之外。当年，彼得搬到密尔沃基市前，开口向父亲借钱，这是彼得唯一一次向父亲借钱，却被拒绝了，巴菲特的理由是"钱会让我们纯洁的父子关系变得复杂"。后来彼得气愤地去银行贷了款。他说："在还贷的过程中，我学到的远比从父亲那里接受无息贷款多得多，现在想来，父亲的观点对极了。"

后来，彼得从斯坦福大学辍学后，投身于以印第安音乐为素材的音乐剧《Spirit》的创作，当彼得为制作《Spirit》融资时，人们常常讶异："你不是'股神'的儿子吗？你需要的资金不是你父亲一张支票就能搞定的事吗？"但，彼得是这么说的："父亲当时告诉我，你得自己去筹措资金，筹不到的最后10%，我会给你支票。"

巴菲特几乎不近人情的教育方式，反而让他的孩子们意识到：人生的意义在于实现自己价值，而不是对父亲的亿万财产展开尔虞我诈的争夺。

彼得在《做你自己》中写道："富有的家长为子女铺路时，最常采用的方式就是让他们加入家族企业，或引导他们进入先辈的成功领域。"这种做法表面看来似乎是一种善意，不过，如果我们对这一现

---

① 参考田祥玉《彼得·巴菲特：我是富爸爸的穷儿子》，《婚姻与家庭》杂志2011年8月上半月刊。

象进行深思,隐藏的问题就会浮出水面。"这些表面的善意到底扮演着怎样的角色?""这是儿子的梦想,还是父亲的权威和对继承问题的考虑?""真正的动机是想帮助儿女,还是为了跟权威的同事进行利益交换,从而重申自己的重要性?"一系列问题接踵而至。

彼得记得,父亲常说的一句话是:有时你给孩子一把金汤匙,没准是把金匕首,"有能力的父母给子女的财产应该够做任何事,却远远不够无所事事"……

以温柔而坚定的方式建立孩子的规矩,要孩子为自己的行为负责,承担后果,大概是现代忙碌的父母最该学习的,因为笔者见过许多在职场上非常能干的父母,忙得没有时间陪孩子,偏偏一出现问题时就是动嘴责骂、批评孩子,不然就恰恰相反满怀愧疚地宠坏孩子,养出一个没有规矩又以自我为中心的小霸王。

"让孩子去走自己的路"和"为自己的行为负责",是我们教育孩子的两个基点。作为孩子的"导游",在孩子小的时候,我们手中的风筝线不能牵得太紧,也不能撒手不管。最好是在风头正好时让他自由飞翔,去拥抱蓝天;而当妖风突来时,拽一拽,保证他不至于摔落。父母应该注重孩子的安乐康宁,采取更为宽松但是切实有效的教育方式,完全不必去包办孩子全部的人生,或指点他们选择怎样的工作、怎样的婚姻及人生信仰。父母真正要做的就是提供无条件的爱,让孩子有自信去思考并追求自己的兴趣。让他们多去尝试,包括那些让自己激情澎湃的事物,以帮助孩子找到自己的兴趣所在。如此一来,孩子才会有多元的兴趣和技能,不断带给父母新的惊喜。

总之,尊重孩子,宽松引导孩子,让他去走自己的路,给他足够的成长空间,懂得放手,这就是法商思维下,我们与孩子正确的关系序位。秉持这种关系序位,我们与孩子的关系才是和谐的、长久的、幸福的。

二、后喻时代的选择：向孩子学习，你准备好了吗？

除了尊重孩子，让他走自己的路之外，笔者还要特别谈一谈后喻时代里代际沟通这一问题。

随着信息技术的跃迁，各种新鲜事物变化万端，各种流行文化层出不穷，我们已经进入"后喻时代"，这是一个需要我们承认自己不足，并开始向我们的孩子学习、请教的时代。面对这样一个变化一直在加速、知识一直在换代的时代，你准备好了吗？

那么，究竟什么是后喻时代呢？美国社会学家玛格丽特·米德在《文化与承诺》[①] 一书中，从文化传递的方式出发，将整个人类的文化划分为三种基本类型：前喻文化、并喻文化和后喻文化。前喻文化，即所谓的"老年文化"，是数千年以来传统社会的基本特征，生产工具十分简陋，社会的发展十分缓慢，祖孙三代都把他们生活于其中的文化视为理所当然，人们根本不可能设想自己的生活能和父辈、祖辈的生活有什么不同，每一代长者都会把"将自己的生活原封不动地传递给下一代"看作自己最神圣的职责。"不听老人言，吃亏在眼前"，年龄成为一个人智慧和知识的标志，老人在知识与权力上拥有绝对的优势。因为缺乏疑问和自我意识，这种文化的传递方式从根本上来说排除了变革的可能，当然也就排除了年轻一代对老一代的生活予以反叛的可能，排除了代沟产生的可能。

并喻文化，从根本上来说是一种过渡性质的文化，它酿就了最初的代

---

① 玛格丽特·米德. 文化与承诺 [M]. 石家庄：河北人民出版社，1987.

际冲突。战争失败、移民运动、科学发展等原因导致先前文化的中断，使年轻一代丧失了现成的行为楷模，在新的环境中，他们所经历的一切不完全同于、甚至完全不同于他们的父辈、祖辈和其他年长者，而对于老一代来说，他们抚育后代的方式已经无法适应孩子们在新世界中的成长需要。20世纪的民国时期和"文革"时期，年轻人无法向上一代学习，只能选择跟同龄人学习，这就是典型的并喻时代。

后喻文化，即人们所称的"青年文化"，这是一种和前喻文化相反的文化传递过程，即由年轻一代将知识文化传递给他们生活在世的前辈的过程。"在这一文化中，代表着未来的是晚辈，而不再是他们的父辈和祖辈。"现在的代际冲突的一个重要特点是：它是跨国界的，全球性的。"现代世界的特征，就是接受代际之间的冲突，接受由于不断的技术化，每一代的生活经历都将与他们的上一代有所不同的信念。"

米德以第二次世界大战结束为界，划分出两代人。她认为到20世纪60年代中期，即在战后长大的一代人20岁左右的时候，"从1964年美国各大学第一次发生暴乱到1968年5月巴黎的暴乱以及中国发生'文化大革命'，这才出现了真正的独特的代沟"。

有趣的是，米德研究的是第三代人与第二代人的冲突，而我们探讨的是第四代人与第三代人的冲突。虽然，这种冲突的世界联系不那么明显，但在中国却是显著的、代际分明的。第三代人的冲突以第三代人为轴心，他们曾借着毛主席的威望与支持，让第二代人无可奈何；今天，他们依然想掌握第四代人的命运，却如自己的父辈一样力不从心。这种一代胜过一代的趋势，也是历史的必然。

虽然在不久以前，老一代还可以毫无愧色地训斥年轻一代："你应该明白，在这个世界上我曾年轻过，而你却未老过。"但是，现在的年轻一代却也能够理直气壮地回答："在今天这个世界上，我是年轻的，而你却永远不可能再年轻。"对于现在的孩子而言，他们的成长环境变了，喜爱的事物变了，培养目标也提升了，他们的志趣也完全不一样了。

举个就发生在笔者身边的例子，笔者父亲曾希望笔者多看些世界名著，在他圈出来的书单里面，有《雾都孤儿》《嘉莉妹妹》《呼啸山庄》《悲惨世界》《麦克白》和《百年孤独》。但是很抱歉，以上所有的书，笔者一本也没看过，即便看过也完全忘记了，笔者只记得《孤星泪》《小李飞刀》《天龙八部》《碧血剑》，脑海里印象最深还是那句郭靖口中的"侠之大者，为国为民"……很多年以后，笔者买了一个卷笔刀，是一个戴着警帽儿、会发出声音、神态威严的黑猫警长形象的卷笔刀，看起来很可爱。但当笔者把它讨好似地送给 7 岁的侄女儿，想作为她的生日礼物时，她却愤怒地把卷笔刀扔在了地上，说："我不要黑猫警长，我要冰雪奇缘！"恍惚间，笔者似乎看到了什么。

为什么小孩子不喜欢"黑猫警长"呢？因为她没有看过《黑猫警长》。笔者仔细想了想，严格地说，20 世纪 80 年代播放的《黑猫警长》，她一集都没有看过，也难怪她完全无感！她看过的、童年中最大的 IP，有《小马宝莉》《小猪佩奇》《汪汪队立大功》《熊出没》等，以及"芭比公主"系列，而这些笔者却完全不熟悉。与此相对应，目前全世界的迪士尼乐园经营得都不是很好，香港迪士尼惨淡经营，上海迪士尼开园两年，也远远没有达到预期。迪士尼的经营者原以为孩子们会喜欢米老鼠、白雪公主，然而让他们失望的是，小孩子对于米老鼠的表现很冷淡，甚至会害怕到连和它拍合影都不肯。迪士尼的经营者犯了一个错误，他们想当然地以为"小孩子喜欢米老鼠"，而且这种喜欢是天生的。其实，"小孩子喜欢米老鼠"是后天形成的，是每天放学后看上两集"米老鼠"，经过日积月累，电视轰炸了好几年后才有的效果。迪士尼花费了几百亿去建造乐园，但是他们并没有占领屏幕。

所以，虽然孩子的成长环境包括家庭、学校、社区、友群和大众传媒五个方面，但如今对孩子影响最大的却是大众传媒。这是因为，我们的家庭教育方式和内容太陈旧，大众传媒和孩子的成长需求密切联系，友群的互动和传媒结合，比家长、学校、老师的力量更加强大。

无需成为专家也会明白，此刻我们所处的时代，正是一个被科技进步所震荡的全新时代。一个必须也只能是后喻文化的时代，特别是中国社会，在过去几十年间经历了一场罕见的高度浓缩的变革历程。从整体上来看，我们从农业文明瞬即进入工业时代。然后，几乎仅仅在十年间，就迎面遭遇互联网时代的对撞，对撞之中，技术成为最大的变量，所谓变革与进步，往往是以某一领域技术的更替为标志的，而在理解、接受和掌握新技术方面，在这个"阅后即焚"的时代，年长者的经验不可避免地逐渐丧失了传喻的价值；特别是随着互联网的发展，信息之海的形成，全人类的文化传递方式发生了根本性的改变。

国内互联网的PC端兴起于2000年左右，而移动互联网在2012年左右开始普及。对于这些90年代、00年代甚至10年代出生的年轻人，由于他们几乎是跟互联网同步成长的一代，他们的生活从来都是不断被数据科技迅速刷新，造就了这代人从小就开始学习用互联网获取大量的信息，他们的敏锐程度和学习新事物的能力要远远强于我们。

前两年英国有档节目曾做过一个调查，调查的目的是想让我们了解在当今这个时代，不同年龄段的人对信息技术的掌握和理解程度，他们提出了一个概念叫"数字商"，即"不同年龄段对数字技术的了解与信心"。结论恰好与后喻时代的文化特征相互印证：14~15岁年龄段的人数字商排名第一，高达113，然后随着年龄升高数字商就开始下降；老年用户下降尤为明显，6~7岁儿童的数字商为98分，高于45~49岁人群，后者的得分只有96分（见图5-2）。①

笔者曾在网上看到有大V学者提出"时间原住民"的概念，觉得很有意思，在这里与读者诸君分享一下。这位学者认为，在当今中国这个特定的社会中，22岁至30岁的一代人具有更强烈和明显的共性特征，是典型的"时间原住民"；而22岁以下的人们大多数还在校园，其行为模式尚不稳定，30岁以上的人群则是"时间移民"；进入新时代的大陆，人们不断被新生事物所冲击，而这种冲击却激发了年轻一代前所未有的活力。因为，他们本就是新时代如鱼得水的原住民；在时代发展的剧变面前，"时

---

① 该统计数据及结论最先由阿里研究院高级顾问梁春晓先生，在2017年4月在第二届LIFE教育创新峰会做主题发言时提出。

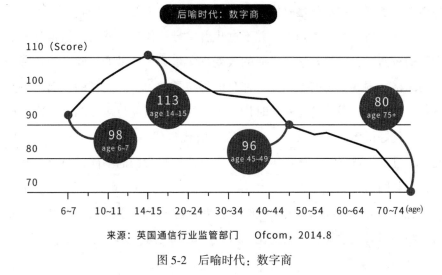

图 5-2　后喻时代：数字商

间移民"的不忍舍旧和"原住民"唯恐失新的矛盾，不可避免地酿就了代际对立与冲突。

此外，我们中国还有一个全世界独有的后喻时代的文化现象：父母、祖父母辈往往出生在一个多子女的家庭环境中，个人本能地会有一种"争取关注"的倾向，这要求他们从小要对其他家庭成员的状态有所观察、对自己的行为举止有更多的觉察与控制以使自己更符合长辈所设定的标准。因此，在传统的大家庭中，家庭秩序会更接近前喻文化，小孩和年轻人被更多的规矩所要求。

但是，"421"家庭结构在1985年之后成为中国社会的绝对主流，所以，从出生开始，孩子们就是在其他家庭成员的高度关注下长大的，原有伦理秩序被颠覆，他们就是独一无二的家庭中心，关注不再是一个稀缺的、需要争取的资源，而是迅速过剩。高关注度所带来的自我中心主义，本身就是他们这代人的一个自然生存状态。比如，前段时间，在对一群90后优秀职场人士进行的调研中，当问到"如果你的上级能够作出一项可以让你士气更高的改变，你希望那是什么"时，异口同声的回答是："他们应该更关注我。"由此可见，我们大可不必对孩子表现出的自我、个性太强而伤心动气，这本就是时代赋予他们这代人的一大文化特征。

当然，后喻时代的到来，并不意味着父母一代身上就没有值得孩子们学习的东西了，这只是学习方向的改变。父母为人处世的经验、历经考验后的品格、洞察世情的方式……都是值得孩子学习的。同样的，面对新兴事物不断、信息爆炸的互联网时代，孩子的学习速度与接受能力普遍要比父母一代好得多，作为父母，想要跟上时代步伐，了解孩子身处的环境，便要转过身、弯下腰，尊重年轻人、尊重他们与我们的不同，与孩子共同学习、共同探讨。

总之，面对已经到来的后喻时代，后代应向前代学品格、学经验，而前代则要向后代学知识、学变化，双方均要知敬畏、勿轻视。

三、父母对未成年子女的财务支持

前文中我们已经详细讨论过父母与孩子法商思维下的关系问题,接下来,笔者将以这种关系定位为参照来跟读者朋友们聊聊对子女的财务支持规划。

首先需要明确,父母对子女财务支持规划不应当是在子女遇到资金问题时的临时起意,此项规划需要父母以长期的、发展的眼光对待,早动手、早准备,选择合适的金融产品为孩子的教育、健康等做长期储备,避免因教育费用增长过快、自身发生风险等因素引发的资金断链问题。

(一)为孩子的风险负全责

与成年人不同,未成年子女不具备创收能力,所以作为父母,孩子的风险必须由我们负全责,在这个阶段,他们需要完全依靠我们。

这里主要有三个风险:生病住院、大病、教育金。关于教育金准备问题,我们在前文中已经详细讨论,这里不再赘述。关于生病住院与大病问题,我们优先选择用家庭结余资金为孩子购买保险,已达到转移风险、保障健康的目的。

如果家庭年结余10万元以下的,要做到花最少的钱买尽量高的保额,优先考虑实用率最高的两种组合:(1)意外险+医疗险;(2)意外险+消费型重疾险。年结余10万~50万的家庭,建议考虑"意外险+医疗险+消费型重疾险+定期寿险"组合。其中,定期寿险对有房贷、车贷的家庭尤为重要。而资金更充裕的高净值人群,则建议采用保险金信托、大额保险等方式,提前为子女做好规划。

港媒曾报道，早在 2004 年，王菲就为其爱女在香港办理了 2000 多万港币的大额保险，每月供款为 20 万港币，到孩子成年后，即可获得超过 2000 万港币的保险金。

王菲贵为天后，赚钱能力无需质疑。那为什么还要为爱女准备保险呢？其实保险作为一种特殊的保证资产，在照顾孩子方面有很多独一无二的优势。第一，这是一笔专款专用的强制储蓄。孩子最多的花费都是 18 岁以后，譬如上大学、出国和结婚，就需要有一笔保证的钱，在孩子长大的时候等着她。用若干年把这笔钱存下来，不会被挪用，完全可以起到专款专用的作用。同时保险还有一豁免责任，是万一父母发生风险之后，譬如身故，保费由保险公司交，孩子的保险金不受影响，这个就是保证。第二，这是一笔孩子的个人财产，不会因为父母的婚姻变化或者孩子未来的婚姻变化而发生权属的改变。婚姻的变化往往会导致高净值客户资产大幅度的变化。第三，保险往往是终身的，换句话说，可以照顾孩子一辈子，而父母往往无法照顾孩子一辈子。所以这也是一个爱的礼物，用保险来替代父母照顾孩子。无论孩子懂不懂事，到老了看着保障会清楚，父母是爱孩子的。

（二）教会孩子理财，胜过给孩子家财万贯

瑞士教育家皮亚杰曾说："无论一个人成年后拥有怎样的思维体系，都与儿童时期有着密不可分的联系。"而从小接受理财知识的孩子，更容易培养正确的金钱观。可是，作为父母，如何用一种合适的方式让孩子接受理财教育呢？

案例

美国爸爸和中国爸爸：我们家有钱吗？

有个美国孩子问他的富爸爸："我们家有钱吗？"

爸爸回答他："我有钱，你没有。我的钱是我自己努力奋斗得来的，你也可以通过你的劳动获得金钱。"

有个中国孩子问他的富爸爸："我们家有钱吗？"

爸爸回答他："我们家有很多钱，将来这些钱都是你的。"

他们的回答是如此不同，通过他们的回答，美国孩子和中国孩子分别感受到了什么呢？美国小孩听了爸爸的话会获得以下几方面的信息：

（1）自己的爸爸很有钱，但爸爸的钱是爸爸的；

（2）爸爸的钱是通过努力得来的；

（3）我如果想有钱，我也得通过劳动和努力获得。

获得了这些信息，这个孩子就会很努力，对人生也会有很多期许，他也想通过努力像爸爸一样获得财富。美国爸爸传给孩子的不仅仅是物质财富，更重要的是一种精神财富，精神财富会让孩子受益一生。

中国孩子听了爸爸的话获得的信息是：

我爸是有钱人，我们家有的是钱，我爸的钱就是我的钱！我不用努力就已经有很多钱了。于是，当孩子长大接手父亲的财富以后，不知道珍惜和努力。这样就应了古语"富不过三代"！

这位中国爸爸传给自己孩子的仅仅是物质财富，没有精神财富作依托，物质财富就变成了一把"双刃剑"。

当然，我们并不是在刻意比较这两种教育的好坏，但有一点需要引起父母的重视：培养孩子的独立与责任意识是比给予财富更重要的事情。一个不知努力而轻易获取财富的人，很容易对财富没有一个正确的认识，他们很难珍惜和努力，更别谈靠自己开创一番天地了。

所以，在孩子还小的时候，我们就要有意识地培养孩子形成正确的理财观念。我们不妨尝试下这些方法：

1. 帮孩子建立理财目标

美国家长通常会问孩子长大以后理想是什么？当然，每个孩子的理想都不尽相同，有的想成为医生，有的想当科学家，有的想当律师……此时，家长会追问孩子，这些人靠什么生活呢？看着孩子一脸茫然的表情，美国家长会借此机会告诉孩子，职业目标与理财规划是并行不悖的，无论将来干什么，存钱、投资比单纯挣钱更重要。

2. 教会孩子如何节俭过日子

美国畅销书《邻家的百万富翁》告诉人们，如果想变为富翁，单靠挣钱是不行的，而要靠平时的存钱与投资才能成为富翁。所以，家长要让孩子从小学会勤俭过日子。例如，有的小孩喜欢吃冰淇淋，如果买一杯要花50美分的话，家长就告诉他："你想吃可以，但是今天只能给你25美分，等到明天再给你25美分时，你才能买来吃。"

3. 教孩子学会储蓄

培养孩子的储蓄意识的一个最好方法就是为孩子建立个"小银行"，使他拥有一张储蓄卡。然后耐心地引导他把口袋里的零钱存进去，并告诉他坚持下去，在没有必要花费时不要随便动用卡里的钱。为了使孩子坚持下去，你可以采取鼓励方式，如允许他把家长给的零花钱的1/3用于买零食等消费，其他则必须存入。孩子在有"甜头"的情况下才能长期坚持下去，将储蓄意识扎根脑海中。

4. 鼓励孩子货比三家，购买打折商品

应该让孩子知道，如果他们想得到想要的东西，必须多走几家商店，对价格进行比较，选择同质却价廉的商品购买。同时，培养孩子购买打折商品的意识，帮助孩子树立正确的消费价值观。慢慢地，他就会养成理性的消费习惯。

5. 用延迟满足教孩子管理欲望

通过"延迟满足"来让孩子们学会管理自己的欲望，进而树立对于财富管理的初步观念。以斯坦福大学研究者的棉花糖实验为例，在实验中，孩子们进入房间后可以选择获得一颗棉花糖作为奖励，或者选择先不拿奖励，等待一段时间后再返回房间，则可以得到相同的两颗棉花糖。研究者发现能为双倍奖励坚持忍耐更长时间的孩子们，通常在后来拥有了更好的人生表现。家长们在日常生活中，如果能合理运用"延迟满足"，将让孩子们学会珍惜财富，同时也享受到财富增值的快乐。

6. 让孩子自己管理零用钱，用压岁钱投资

为了让孩子学会有计划地使用金钱，我们还可以定期给孩子零用钱，但要同时规定零用钱不能预支。钱的用途可以包括购买零食、课外书、杂志、游戏机、请小朋友吃饭、送小朋友礼物等。孩子拥有零用钱的完整支配权，但每笔支出都必须记账。

同时，我们还可以要求孩子把他的压岁钱单独存起来，在银行给孩子开一张"一卡通"，把压岁钱存入卡内。跟孩子约定：以后每年的压岁钱都存入这张卡；压岁钱只能用于投资，不能用于消费；在孩子年满18岁前，父母是账户投资管理人，孩子年满18岁后，由孩子自己管理账户；投资收益和亏损都由孩子承担；而父母在替孩子投资股票、基金之前，则要征得孩子的同意。如果我们坚持这么做超10年，我们所收获的将远远超过我们的想象。

（三）给孩子建立一个专属于自己的个人账户

除了上述两点，笔者还特别建议读者朋友们，在条件允许的情况下，最好给孩子建立一个属于自己的专属账户，让财富教育知识融入家庭教育中来。个人账户就是给孩子的一个专属的账户，法律上属于孩子。一方面不会因为我们的风险和成败影响孩子的基本生活，另一方面，孩子必须自己面对自己的生活，自己努力去创造。

那么如何建立孩子的个人账户呢？比如，你准备100万现金为孩子建立个人账户，那么，你是会把它存入银行中，然后告诉孩子这100万都是你的吗？还是定期从中取款，慢慢交给孩子管理？前者根本没让孩子树立理财的观念，后者的做法虽能让孩子从小理财，而且金额可由父母控制，但其中还存在很大风险。

理想的做法是，为孩子设立的个人账户应该是一个受保护的、防挥霍的为孩子基本生活做准备的账户，我们可以通过房产、保险、信托等来搭建孩子的个人账户架构，包括但不限于：以父母为投保人购买保险；赠与子女不动产，保留单独赠与的法律文件（律师见证）、和子女的相关遗嘱（律师见证）；赠与不动产，按份共有，保留一定的控制权；订立遗嘱（可

订立全部财产遗嘱、也可订立部分财产遗嘱）；设立身故家族信托。

万一哪一天发生风险，当孩子需要帮助时，这个个人账户就会起到至关重要的作用，我们不能照顾孩子一辈子，但是个人账户却可以照顾他一辈子。

（四）巧用保险金信托，防范提前离场的风险

除了为孩子的风险负全责，我们当然也要考虑到自己提前离场的情况下，孩子的未来该如何安排。在这里，笔者重点跟大家谈谈保险金信托。

相比英美国家百余年的保险金信托业务的发展历史，国内保险金信托业务的发展只有短短几年，2014年5月，中国大陆才出现了首款保险金信托业务，至此，中国保险金信托业务方拉开序幕。之后，保险金信托的相关案例犹如雨后春笋般在中国市场上涌现。而且我们可以预见，在未来5~10年，保险金信托业务将成为金融市场上新的风口，将受到无数高净值人群的追捧。

那么，什么是保险金信托呢？它的好处有哪些？

我们知道，保险与信托都是家族财富传承的工具，保险是集聚保障与杠杆作用的理财助手，而信托是兼备财富管理与分配的财富管家。它们的结合，便是利用各自的优势。如图5-3所示，让保险金直接转入信托公司打理。因为巨额财富直接由信托公司分配，不会经过孩子（受益人），所以这笔财富不仅能按照我们的安排交付给孩子，还能为孩子抵挡巨额财富背后的风险。

它能让家族财富在外力的保驾护航下得到有效安排，妥善地将上一辈的财富传给后代，并且相比家族信托，保险金信托的门槛更低，这也是保险金信托在国内兴起的重要原因之一。在家族财富传承的过程中，保险金信托能让财富顺着我们期望的方向流动。第一，它能防止因子女无法妥善处理财富而导致财富流失，实现资产隔离。在财富传承过程中，我们最担心的是子女无法妥善处理财产，导致大量财富流失。无论是年幼子女只能由监护人处理所有资产，还是成年子女可能会被外人欺骗，都不是我们传递家族财富过程中想看见的，但风险就在我们身边，掩耳盗铃会将我们推入更被动的境地。设立保险金信托后，保险金将由第三方机构（信托公

三、父母对未成年子女的财务支持

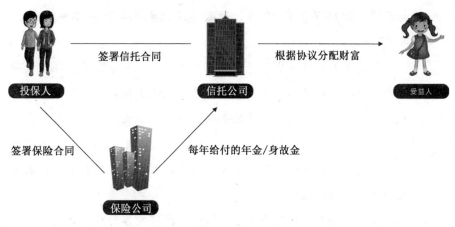

图 5-3 保险金信托业务流程

司)打理,被保险人不是财富的所有人,这可以避免他人为掠夺巨额财富而残害被保险人的情况发生。

第二,我们可以通过设置更私密的条款,让财富传承个性化发展。在设置保险金信托详细内容时,可以根据投保人的需求来建立一些个性化条款。例如小王的爸爸希望小王能读硕、读博,便可建立学业激励条款,约定考上硕士、博士的奖励金,来刺激小王在学术上的钻研。相比保险与信托单个产品来看,保险金信托更加灵活,应用范围更加适用于中高层收入人群。

保险金信托作为一个结合保险与信托双重优势的家庭财富传承法律工具,为中高净值人群提供了新的选择。

案例

肥妈的遗嘱信托,虽身故但母亲的爱一直陪伴在女儿身旁[①]

沈殿霞在演艺圈打拼40年,绰号肥肥,很有大姐风范。1978年,沈殿霞认识了郑少秋,随后相识相恋,结婚生子。1987年两人喜得女

---

① 参考中华网、南方财富网相关报道,汇编整理而成。

儿郑欣宜。2008年2月19日，沈殿霞因肝癌在香港玛丽医院病逝，享年62岁。

沈殿霞生前累计不少资产，包括香港、加拿大不动产，还有金融资产与首饰等，香港媒体保守估计资产净值达1亿港币。当肥姐第一次被查出身体有问题时，遗产的去向问题就广受大众关注，肥姐最不放心的当然是自己的女儿，因为女儿郑欣宜当时仅约20岁，没有处理多种类型的资产项目的经验，肥姐担心她被人欺骗，同时更希望将来女儿的生活得到保障。

于是，肥妈在生前花费大量时间和精力研究各种解决方案，最终用留下的数千万港元遗产成立信托，包括名下的银行户口资产、市值7000万港元的花园公寓、投资资产和首饰，受益人是她最疼爱的女儿郑欣宜。

信托规定待郑欣宜结婚时可以领取部分资金，并规定当其面对资产运用等重大事项时，最终决定都由受托人负责审批、协助。同时肥肥还指定前夫郑少秋和信赖的朋友共同组成"信托监察人"，监督受托人在管理与运用信托财产时有无违反信托合同。这样一来可以避免郑欣宜因年纪太小、涉世未深而挥霍遗产，二来可以防止别有用心人士觊觎庞大财产，三来杜绝受托人"监守自盗"。这样就可以避免女儿一下子把遗产花光，而且，将钱与不动产信托在受托人名下，动用时必须经过信托监察人同意，这样可以避免别有用心人士觊觎女儿继承的庞大财产，有效保障了欣宜的未来生活。

这一系列方案的设定和运作方式，成功地为郑欣宜保留下最后的底线，让她即便面临最坏的情况，也不至于为生计发愁。果不其然，肥妈死后，缺少人管教、又得到巨额资金的郑欣宜，挥霍无度，很快又遭遇法国男友的欺骗，等她在海外浪荡数年，最终身无分文，不得已转回香港。这时候，肥妈的信托资产保证了她起码的生活，仰仗着这笔资金，郑欣宜重新回归香港娱乐圈，并为自己打拼着未来。

一次记者采访，郑欣宜提起母亲感动落泪，在她看来，母亲从未离开，而是在天堂注目着她，即便她犯了很多少年人都会犯的错误之后，仍然为她卸去了生活的负担，让她一生都生活在母爱的光芒下。这是一位母亲对孩子最大的保护。在自己健康的时候，对已有的财富进行合理的安排，这种安排对自己负责，也是对子女负责。

四、父母对成年子女的财务支持

聊完对未成年子女的财务支持,我们来谈谈成年子女的规划问题。

孩子成年之后会经过三个阶段。第一个阶段是成年了,但是没有成人。中国有一个传统的观念叫成家立业,在成立自己家庭之前,经济还没有完全独立,需要求学、找工作,一部分人会经历创业。这个阶段是非常关键的认识财富和学习获取财富、管理财富的阶段。随着婚龄的推后,现在这个阶段开始变得比较长了,一般有 10~15 年。

第二个阶段是家庭责任期。孩子已经组建自己的家庭,个人经济也从原生家庭中完全独立出来,这个阶段,独立是一个非常显著的标志,父母必须承认,孩子长大了,要彻底放手了。同时现在的社会环境发生了很大的变化,离婚率一年比一年高,部分城市甚至达到了四成、五成以上的离婚率,离婚的比结婚的还多将成为一种特有的时代现象。

所以婚姻风险也就顺理成章地成为我们在对孩子进行财富支持的过程中必须正视的风险。另外,很多高净值人士鼓励孩子创业,就同时会让孩子面临事业风险。

第三个阶段是孩子年老了,进入养老期。这段时间父母可能已经不在了,笔者发现这个往往是高净值人士比较担忧的部分,尤其是孩子继承了比较多财富,不会管理,也许会比普通人更加麻烦,这个阶段其实也是一个非常关键、容易被忽视的阶段,家族传承的关键时刻,往往就是一代彻底移交财富的时候,包括财富是否可以完整传承和孩子是否能够守住财富。

考虑如何支持成年的子女，我们首先需要思考的是我们与成年子女的序位。成年子女从法律上属于具有了完全民事行为能力的行为人，所以他就是一个和我们平等相处的主体。在西方孩子成年之后，主流的文化是鼓励孩子自己勤工俭学，自己赚钱养活自己，在美国，父母对成年子女大笔的赠与往往会收税，成年之后和父母的关系，第一个层面就是平等。把孩子当作平等的主体打交道，而不是一个需要照顾的孩子，这个至关重要。第二个重要的序位是放手，大家可以体会这种感觉，孩子未成年的时候，父母每天面对面看着孩子，孩子成年了，他会转过身去，父母看的是他的背影，只有放手，他们才会放心地走属于自己的路，父母需要做的只是默默地祝福和关键时刻支持他们。

第三，父母和已婚的孩子发生经济的往来，最好用市场的方式，签订借款的协议。这个其实是尊重和信任孩子。孩子要走出自己的路，靠给予是没有作用的，只能让孩子自己学会创造财富。当然，这里的"用市场的方式"还有另外一层含义，就是规避子女的婚姻风险。

那么，究竟用什么工具支持孩子才是合适的呢？父母要看到资助孩子真正的目的是什么。孩子要什么，父母给什么，这不是真正的支持，这是让孩子依赖于父母而不能够真正地长大。

那么父母支持孩子真正的目的究竟是什么呢？父母都很清楚，父母无法替代孩子去走他们自己的路，孩子如果有能力，他可以创造自己的财富，父母给他留钱也没有用，如果孩子没有能力，父母跟他留钱，其实作用也不大，甚至会更加麻烦。所以父母资助孩子的核心点是给他一条后路，孩子能干，锦上添花，孩子会感恩，孩子如果路走歪了或者能力不够，也至少能够保证他衣食无忧，过自己想过的日子。如果还能把财富完整地传递给第三代，就更好了。

给孩子准备后路的核心是在关键期给孩子关键的支持。一般孩子有三个关键时刻，第一个是大学时期，这个是刚需，如果孩子想去国外深造，这个费用就是以万为单位计算的。第二个关键期是婚嫁时期，现在很多孩子在结婚的时候还很难经济独立。第三个关键期就是养老期，很多高净值客户喜欢把孩子安排到事业单位或者公务员单位，就是希望孩子能够有一个稳定的养老。

孩子婚嫁的时候，选择什么样的工具去支持孩子是一个很重要的功课。一般我们可以选择的是不动产、股权、现金和大额的保险，高净值客户还可以选择家族信托、保险金信托。

案例

罗总的烦恼

罗先生和爱人创业，接近20年了，有自己的企业和一些不动产。有一个独生女儿28岁，马上要结婚，准女婿是一个企业的中层，家里是农村的，经济情况一般。罗先生有几套房产，但是女儿都觉得地段不好，也不是新房，女儿希望能够单独买一个婚房。女儿同时表示，希望爸爸能资助一部分钱，让女婿创业。现在怎么安排，罗总有些纠结。

罗先生咨询了律师，律师建议婚前全款买房，并且父母和女儿按份共有房产，一方面这是女儿的婚前财产，另一方面，又可以防止女儿抵押或者变卖这个房子。但是罗先生担心女婿心里不舒服，毕竟他们还在蜜月期。罗先生也支持女婿创业，但是现在的经济形势不好，担心女婿创业失败，甚至有债务拖累女儿，但是又不好跟女儿直说……

其实这种情况非常普遍。

我们首先看资助女儿最重要的目的是让她在幸福的前提下有一个后路。笔者的建议是可以按揭为女儿买一套住房，首付从罗先生账户支出，由女儿和女婿婚后自己还贷款，这样女婿会有参与感，婚后房产增值的部分，女婿有一半，这样会有利于女儿的幸福。至少在房产上，夫妻是平等的。

女儿希望女婿创业，可以让女婿向罗先生借钱，或者由罗先生占一部分股权，这样，会比较有效地控制风险，如果创业成功了，罗先生可以把自己的股权卖给女婿，如果创业不成功，损失也不会太大。同时罗先生可以把全款房省下来的钱给女儿建立一个个人账户，可以选择的是年金保险，罗先生作为投保人，女儿作为被保人。这一份礼物是女儿的婚前财产，完全可以运用这一份年金保险，为孩子规划出日常的现金流和养老金，相当于给了孩子一个事业单位的编制，同时在自己生前对这笔资产还有一定的控制权，可以防止女儿挥霍。这就是在尊重孩子的前提下，给孩子一条后路。

五、父母对特殊子女的财务支持

随着婚姻关系的日趋脆弱化,离婚率越来越高了,单亲家庭、重组家庭、非婚生子女现象越来越多了,相关的风险也逐步凸显出来。同时,由于部分家长在教育孩子过程中出现问题,导致有些孩子成为了问题孩子,譬如养成了挥霍的习惯、不会理财,即使成年了,把财富传递给他们,也会不放心。此外,还有一批是残障的子女(身体残疾和心理残疾,近些年来孤独症、抑郁症的现象越来越多了),父母在的时候可以尽心地照顾,但是父母不在的时候,即使已经成年了,也没有办法管理好财富,甚至生活无法自理。这些特殊子女的保护,需要用特殊的财富管理架构。

这些子女的共同特点是:无法管理好从父母那里继承到的财产。在单亲家庭和重组家庭中,普遍的问题是,如果父母提早离开,孩子的监护权会重新回到前妻或前夫手上,同样地,财产的管理权也会回到前妻或前夫手上,财产是否会用到孩子身上,成为了一个未知数。非婚生子女情况会更为特殊,一般情况下,不会有太多的财产直接给非婚生子女,如果父母提早离开,非婚生子女维权会非常困难。而对于残障子女和问题子女,譬如挥霍的子女,给孩子留太多钱反而十分危险。那么究竟如何规划财富,能够保证有风险发生在自己身上的时候,有一笔钱可以确保照顾孩子成年或者照顾孩子一辈子呢?接下来我们就逐一分析说明。

(一)单亲家庭的未成年人保护

我们先看一个案例:

刘女士是一家跨国公司高管，年薪超过了 200 万元，离婚带着一个儿子，儿子上小学了，父母跟着刘女士住，照顾女儿的同时，也带着小外孙。刘女士工作压力很大，经常到处飞，经常加班，但是想着一切为了孩子，一直觉得很充实。直到她碰到了笔者，笔者问她，现在职场压力大，万一她发生了风险，小孩怎么办？她说，外公外婆可以照顾孩子。这是真的吗？……

实际上，根据《继承法》，如果她发生风险，所有财产会发生继承，只有 1/3 是给到孩子的，而因为孩子未成年，所以孩子的监护权属于前夫，他同时拥有财富的管理权。刘女士说离婚是因为前夫出轨，并且前夫已经再婚，已经有了小孩。所以刘女士辛辛苦苦打拼下来的财富未必能够用到自己的孩子身上，外公外婆年事已高，也不能够真的照顾孩子很久，那怎么办？

有一部分人会给孩子留房产，甚至直接把房产，买到孩子的名下，其实这样是没有办法真的达成照顾未成年子女目的的，因为孩子没有法律资格直接管理房产，一旦提前离场，管理权会随着监护权的转移，给前夫或前妻，照顾子女的愿望往往会落空。还有一部分人给孩子买大额的保险，如果没有特殊准备的话，无论是身故金还是生存金，都不一定会照顾孩子，这个核心点依然是监护权的问题。

笔者的建议是：第一，建立一个保险金信托。前文中已经详细解读过保险金信托，它的架构就是身故金进入信托公司，信托公司会根据客户提前订立分配协议，管理和分配财富，按月或按年支付给受益人，可以照顾孩子到指定的时刻，譬如 35 岁。而分配协议是保单生效之后，我们和信托公司约定的条款。一般有两种模式，第一种是固定期限的分配模式，这种模式一般会约定给付一段时间，例如给付到 35 岁，本息给到受益人，信托结束。给付期间受益人可以按年或按月领取生活费，求学期间可以领取学费，婚嫁可以领取婚嫁金，创业可以领取创业金，买房可以领取资助金。可以在约定的时候领取全部本金，例如 35 岁，这时孩子不仅仅成年了，还掌握了基本的财富管理能力，财富完整地转移给他们才会真正有意义。第二种模式是终身的领取方式，对于残障子女和问题子女，譬如挥霍的子女，可以约定终身领取条款，只要孩子活着就可以领，没有领完的部分，可以给孩子的孩子或者做慈善，这样就可以确保照顾孩子的人，希望孩子活得更久，挥霍的孩子，可以活多久领多久。

第二，建立以孩子为被保险人的保障型保险，增加投保人豁免的责任。这样，即使自己提前离场，孩子会拥有高额的保障，保费又不用继续缴纳，孩子在成年之后，现金价值也会比较高，可以完整地移交给孩子。

第三，设立遗嘱，明确规定，孩子18岁以下，所有财富由自己的父母继承，孩子18岁以上，遗产由孩子继承。这样就杜绝了一旦发生风险，财富旁落家门之外的尴尬处境。

需要说明的是，没有规划的保险资产其实很难真正地照顾到孩子，因为孩子要拿到大额的理赔金，必须由监护人亲临柜台去办理，办理后也是由监护人来进行管理的。

有一点需要强调，很多人是准备在真的发生事情之前再做准备，但是往往那个时候就已经来不及了。提前做规划，并不意味着不吉利，正是因为我们爱孩子，才需要提前做规划，不让意外的事情发生。

（二）重组家庭的未成年人保护

聊完单亲家庭，我们来谈谈重组家庭。相比仅有一次婚姻的家庭来说，重组家庭的关系就复杂一些，大致可分为三种情况：

  第一种是男方再婚，女方再婚，且各自都有前婚的子女；
  第二种是男（女）方再婚，女（男）方初婚，男（女）方前婚有子女，且婚后又育有子女；
  第三种是男方再婚，女方再婚，各自前婚中都有子女，婚后又育有子女。

这种情况所涉及的第一个问题是，继子女是后爸（妈）的继承人吗？

继子女拥有继承权吗？

按照《中华人民共和国继承法》，如果继子女跟继父母之间形成了长期的抚养关系，那么继子女就是继父母的法定继承人，与婚生子女一样享受同等的继承权。也就是说，如果继子女和继父母长期生活在一起，且继子女没有成年，继父母对孩子既有经济支出，也有生活照料，那么继子女就享有继承权。反过来，继子女成年后，也对继父母有赡养义务。

我们来看一个案例：

> 王女士是事业有成的企业家，离婚后与一名大学教授张先生重组了家庭。她有一个自己的孩子，叫甜甜，今年8岁。张先生也有自己的孩子，叫壮壮，今年11岁。他们结婚6年了，婚后又育有一子，叫天天，今年刚刚3岁。如今，他们婚姻关系比较紧张，王女士很担心自己的孩子，万一自己离世，自己的孩子将面临没人疼没人照顾的尴尬境地……

其实，对于很多重组家庭来说，往往父母的想法是不一样的，面对现状，我们一般建议，根据自己的实际情况来制定财富规划。就比如案例中的王女士，她可以提前通过生前赠与的方式将财产分别给到前婚孩子和后婚孩子，也可以通过人寿保险、家族信托、保险金信托等实现金融资产的传承，她只需要在相关契约当中列明受益人的名字和受益份额就可以了。关键是要做好前婚、后婚两个孩子的财富分配平衡。

同时，王女士最好再立个公证遗嘱，把公司股权、不动产和其他资产再做一个一揽子的分配。

（三）残障子女的财务安排

这里所说的残障子女分两种情况，一种是没有生活自理能力的，生理上的残疾，另一种是心理上的残疾，比如孤独症、抑郁症等。对于残障子女而言，若没了至亲，他们的生活将可能出现极大问题，所以我们常常要在生前就做好对残障子女的财务规划。

案例

王铁成是第一个成功塑造周总理艺术形象的表演艺术家，电影《周恩来》中出神入化的表演，让他蜚声海内外。在纪念中国电影一百周年庆典上，他荣获"国家有突出贡献电影艺术家"的称号。

但成功的背后，却是常人少有的辛酸。原来，71岁的周恩来特型演员王铁成家中有一个智障孩子，王蔚平。在生活上，王铁成对儿子是全情付出，发现儿子对京剧有兴趣后，为了让儿子高兴，他每天上下午都要陪儿子打一个小时的京鼓。他家原先住在公寓式的单元房里，为了给儿子一个舒心的活动空间，他选择在北京远郊的马坡，建了"海棠园"，院落和房屋结构都是他自己设计的，就是为了方便儿子活动。

可是有一天晚上，他突然想到了孩子的将来，心中不免一惊！将来他们老了，谁来养活儿子？他靠什么生活？为此，他到香港打工、经商，努力为儿子挣到了足以养活他一辈子、让他一生舒适的"王蔚平生活基金"。①

但是，王铁成发现，即便有了"基金"，孩子的生活还是有问题，他们还是不能放心。比如怎么确定孩子的监护人和抚养人。儿子是智障人，他没有能力支配和管理"基金"。"王蔚平生活基金"和他们留下的房产，不托付给一个靠得住的人，怎么能行呢？

有人提出，是不是让孩子成个家，就会好些呢？这个问题王铁成不是没考虑过，但首先是儿子没有择偶的要求，其次是没有合适的人选，条件相似的帮不了他，条件好一点的，谁肯心甘情愿做出这样的奉献，照顾好他一辈子？即使她有这个美德，架不住时间长了发生变故，那样就把儿子给害了……

---

① 部分资料参考肖秋生：《王铁成的父子情》，《老同志之友》2014年刊。

王铁成的家庭,可以说是千千万万残障子女家庭的代表,他们必须直面的必然风险就是:纵有万贯家财,孩子的未来生活如何保障?一旦把这一大笔财产给他们,他们肯定是无法管理的。无法管理财产,导致的问题并不仅仅是财产缩水的问题,更重要的是子女的安全和保障问题。

"说句不好听的话,为了谋他的财产,连一个保姆都有可能害死他!"有一位大姐曾经语重心长地对她的亲戚,一位家中有残障子女的企业家说。有的人以为,给子女留了足够的钱,就可以让子女安全了,但殊不知,财富越是巨大,残障子女的风险越大。

可以说,天底下没有一个父母会让自己的孩子去承担这种不可能承担的风险。这些风险包括未来生活的保障、恶劣的生活环境、外人甚至家人的虐待、在世父母再婚带来的风险、财富被侵占的风险、被他人欺诈的风险、人身意外等。所以,在为残障子女做规划时,两个最关键的点就是:第一要建立风险意识,为子女幸福早做规划,任何事赶早做、提前做,总会起到未雨绸缪的效果;第二就是要给孩子建立一个和他(她)生命等长的现金流,保障他(她)最基本的生活,保证他(她)不管面临什么问题,都不至于流落街头。而这里需要用的财富规划工具中,保险金信托、家族信托、大额保单等均可。

(四)非婚生子女的财务安排

接下来,我们聊聊私生子的话题,也就是法律上的"非婚生子女"。虽然非婚生子女的父母没有缔结婚姻就生育了他们,但是这些孩子在法律上的地位和权利,和其他婚生子女是一样的。

不过,在实际发生过的案例中,我们不难发现,即便法律规定了非婚生子女享有继承权,但仅因此就认为即使自己不做安排,也能把家族企业的一部分财产留给非婚生子女,这样的想法是天真的。我们来看一则案例:

案例

私生子的尴尬:怎么照顾孩子,又防止孩子争遗产纠纷?

在福建曾经发生过这样一个案例,有一位企业家,拥有的企业资产市值超过 1 个亿。他跟老婆感情很好，家中有一儿一女，但是企业家总觉得家大业大，孩子太少，于是，他和老婆商量，想再让老婆生一个孩子，最好再生一个儿子，将来可传承企业。但妻子觉得自己年岁已大，再生孩子，带孩子会很累，所以没同意。

老婆不愿意，这位企业家只好另想办法。他在外面找了个情人，情人又给他生了个儿子，让这位企业家高兴坏了，给情人买了房子，情人和孩子的费用他全包，可谓春风得意。随着企业家岁数越来越大，情人开始担心，担心企业家一旦有个三长两短，自己和孩子会全然失去保障，但这位企业家安慰他说："你们放心，我最大的资产就是公司企业，这企业的资产我现在拆不出来，因为企业还要运营。但是你们放心，我咨询过律师了，按照法定继承，咱这孩子虽然不是婚生子，但也有法定继承权的，而且咱这孩子和我婚姻里的那两孩子继承的份额一模一样。即便我不留遗嘱，你们放心，该这孩子得的，一分钱也不会少。这么大的企业资产，咱的孩子哪怕只继承一部分，也够他一辈子吃喝用度了。"听了这话，情人也放心了。

结果越怕什么越来什么，这位 50 多岁的老板因为心脏做搭桥手术发生意外导致死亡。这下惊动了整个家族上上下下，亲戚朋友一大堆，都来协助处理身后事。就在这个时候，情人觉得不能再等下去了，她带着自己的孩子上门去找这位老板的妻子，向她表明这孩子也是老板的继承人，应当给他留一份资产。

老板的妻子得知这一情况后十分惊讶，她的第一反应是不承认这个孩子是丈夫的私生子，但是这位情人有备而来，她掏出了一份亲子鉴定报告，在这份亲子鉴定报告上，不仅显示这个小男孩和死去的老板具有 DNA 上的亲子血缘关系，而且附有丈夫的身份证复印件，以及丈夫在这份报告上按的红手印，如此看来，想要不认账是不太可能了。

老板的妻子于是采用了缓兵之计，一方面跟丈夫的情人说不会不承认私生子的继承权，另一方面又说事关重大，家里亲戚朋友都不知道，又因为丈夫走的突然，公司的事、家里的事一大堆，自己疲于应付，所以还需要时间来慢慢筹划，妻子让情人回家等候消息。

但随后发生的事情却让情人傻了眼，这位大太太神通广大，她火速召集律师，让律师帮助自己去公证处办继承权公证。公证处显然是不知道死者还有私生子存在，所以认为老板的法定继承人就是他的父母、配偶和子女。在一个月之内就把继承权公证办完了，分配方案自然是做了法定分割。妻子马上拿着继承权公证书到工商局，把公司股份更名过户到自己和两个孩子身上。等她做完这一切，已经继承了老公所有家产之后，情人才得知自己上当了。

私生子一分钱也没分着，情人火急火燎地去找律师。律师告诉她找公证处也没有用，因为公证处不知道有私生子的存在，而且现在遗产已经分配完了，现在只能起诉到法院，要求继承遗产。但是对这位情人来说，她首先面临的一个巨大挑战就是，如果要求继承老板的巨额遗产，首先要交很高的诉讼费、律师费等，可是她却拿不来这么多钱打官司，即使打了一审诉讼，还有二审诉讼，这两审加起来只怕三年时间过去了，她也有可能一分钱拿不到。①

对于这位企业家来说，这三个孩子，都是他的，掌心掌背都是肉，他肯定不希望看到这样的结果。但由于生前没有做好规划，他的非婚生子女很可能将会面临一个困顿的童年，对他这位父亲，也难免会生出一分恨意。

在这里，笔者建议有这种情况的读者朋友们，可以通过生前赠与与传承的办法来保护非婚生子女，比如说生前将自己的一部分银行存款或房产转移到非婚生子女名下，或直接用一笔资金为非婚生子女置办不动产。需要注意的是，父亲提前赠与的财产只能用个人财产，不要动用夫妻共同财产。

---

① 王芳律师家族办公室团队．家族财富保障与传承［M］．北京：现代出版社，2006：406-409.

人寿保险与保险金信托也可以解决非婚生子女长期的生活费、教育费等问题，但这里需要特别注意的是，最好提前让父亲与孩子做好亲子鉴定的医学报告，并做好公证，以便明确法律关系。

（五）挥霍子女的财务安排

最后，来看看挥霍子女的财务安排问题。其实，挥霍子女，也就是我们常说的"败家子"。古已有之，洋务派的代表人物李鸿章和盛宣怀，这两位富可敌国的晚清重臣，他们的孩子中就有两位败家子：盛宣怀的儿子盛恩颐、李鸿章的孙子李国燃。由于年少多金，这两位史上最有名的败家子，仅用短短几年的时间就用赌博、吸鸦片、嫖妓等败光了祖宗财产，晚年落魄凄凉，甚至想要进公园游玩，都因为付不起门票，只能在门口转转。

近些年来随着经济的腾飞，挥霍子女的现象又有愈演愈烈之势，面对父辈们辛苦打拼下来的财富江山，这些"二代""三代"们，却并未复制祖辈们的创富技能，还沾染了一身大手大脚、挥金如土的习惯。无数个案例告诉我们，没有一个科学合理的财务规划，今天可能你最富，明天你或者你的下一代就是最穷的那一个。

那么面对挥霍的子女，我们该如何做？通过设立家族信托、人寿保险等方式，为挥霍子女提前做好准备，以防万一将来自己离世，他的生活出现180度颠覆的情况。

在这一点上，华人首富李嘉诚堪称表率，他虽然很有钱，甚至买下几家保险公司也不在话下，但偏偏喜欢买保险。许多人不解，为什么像李嘉诚那样的有钱人也要买保险呢？难道他的财富还不足以抵御风险？有记者采访时，李嘉诚这样回答：

> 别人都说我很富有，拥有很多的财富，其实真正属于我个人的财富，是给我自己和亲人买了充足的人寿保险。
>
> 我们李家每出生一个孩子，我就会给他购买一亿元的人寿保险。这样确保我们李家世世代代，从出生开始就是亿万富翁。

人寿保险是我们发生财务危机时留给自己与家人的一根救命稻草。通过购买保险，资产可以按年金的方式分年给付下一代，一直从幼年持续到老年。这样做一举三得，既不必担心财产在短时间内被挥霍一空，又能让下一代们有独立生活的能力，还保证了他们有一定质量的生活。

一张保单三代受益，说的就是这个道理。就好比你种下一棵树，你终身乃至子孙后代都可在此乘凉。

第六章
对企业财富的规划

企业家是企业家,企业是企业,在法律上,二者都是独立的法人。

一般来说,要想正确地进行企业财富规划,首先要明晰:在财产的归属上,企业与企业家是分离的,企业家只有真正尊重企业这个独立的法人,树立对企业财富和家庭财富隔离的概念,并学会利用『蓄水池账户』防御危机,才能克服事业的一个又一个『拐点』,到达新的高度。

一、法商思维下我们和企业的关系：
我是我，企业是企业

当今中国，由于民营经济的活跃，企业家作为一个群体，已经拥有非常庞大的数目，企业家如何处理与企业的关系，不仅仅是一个群体话题，更开始成为一个社会话题。而中国的企业家群体诞生较晚，从第一批"创一代"到今天也不过40年。40年时间里，社会发生了巨变，科技日新月异，人们的生活形态天翻地覆，企业家这个群体构成也经历了数代嬗变。直到今天，我们的企业家还有非常多是管理着家庭式企业，他们大多是白手起家，要么是夫妻创业，要么是兄弟联手打拼。基本是采用"家庭式管理"，在家族企业的股权设置上和公私财产混同上没有风险意识，家庭财产与企业财产混为一谈。这在过去几十年改革开放的浪潮里，或许没什么影响，但随着中国经济放缓，发展到达瓶颈，时代的蛮荒和无序也即将走到尽头，下一个时代，将是有序的时代、法治的时代，金税三期征管系统出台就是一个强烈的信号。换句话说，野路子不管用了，是到了学习和效仿西方发达国家健康管理企业模式的时候了。

其实，企业家与企业的法律关系非常简单，简单到用两句话就可以概括：

我是我，企业是企业；企业有自己的生命周期。尊重企业的生命周期，将企业看成独立于我们之外的单独法人，就是法商视野下企业家与企业的正确关系。

企业与我们一样，在法律上都是完全独立的法人主体；和人一样，我们的企业也同样会经历"生老病死"，当它弱小的时候，我们照顾它；当它强大的时候，我们分享它的荣耀、共享它带来的红利；当企业衰落死亡时，我们与它相互拥抱，挥手告别。

但是，在实际企业运营当中，绝大多数企业家却常常陷入对企业理解的误区当中，这些误区在企业不出现问题时，或许并不会直接产生坏的影响，但一旦企业面临困境，就可能带来非常致命的后果。那么到底有哪些误区呢？下面我们来详细总结一下：

误区一：企业是我的，我可以随便从企业里面拿钱。

很多企业家认为自己含辛茹苦做企业，好不容易把企业做大，企业就跟自己的孩子差不多，因而很自然地就把企业看作自己的财产，是自己的一部分，不仅牢牢控制住企业，还随心所欲地处置企业资产。但殊不知，企业一经创办，就享有独立的法人资格，公司账户中的款项系公司的，公司法定代表人不能擅自支取公司享有所有权的钱款，应该为了公司利益依法决定支出，否则就是违反会计制度甚至是违法犯罪行为，将被追究相应的法律责任。我们来看一个案例：

案例

随意支取企业钱财引发的犯罪行为

彭老板曾是温州出租车业界的"大王"，在温州，有462辆出租车挂靠在他的公司名下。然而，公司管理随意、财务缺乏监管、法律认识缺位，让这个昔日曾要建服务区、称雄温州出租车市场的业界"大王"套上了法律的枷锁。日前，鹿城区法院认定彭老板犯职务侵占罪和挪用资金罪，一审执行有期徒刑十一年。

彭老板站在被告席上，焦躁、不解、烦闷，直到法槌敲下那一刻，他依然有些不服。原来，他有个错误观念：出租车公司是他一个人的，从公司拿钱的行为，怎么就成了犯罪呢？

这一切都要从 2009 年说起，作为鹿城汽车运输服务公司负责人，他的理想是要改变温州出租车行业零散的状况：兼并其他出租车公司，建立属于自己的服务区。2009 年，彭老板代表公司，分别与温州振兴运输服务公司等 11 家单位合并，组建"温州德士汽车出租有限公司"（后简称"德士公司"）。随后，德士公司召开股东会议，决定由彭老板担任公司执行董事兼总经理，投得的出租车由彭老板承包经营、各股东按份额出资购车款。

然而，2010—2011 年，彭老板未经公司其他股东同意，利用职务之便，擅自挪用公司钱款。截至 2011 年 8 月，彭老板利用出租车司机燃油发票冲账、挪用出租车发票工本费、租费等方式，合计挪用人民币 325 万余元归个人使用。

他并不知道，公司和个人承包的概念不一样。彭老板一直认为，德士公司是他一个人的。在他看来，公司的钱大多是他自己投下去的，为了扩大经营，他把自己的房子都拿去抵押贷款了，甚至连公司用钱的规矩都是自己一手立下的。

"这 11 名股东只是名义上的股东。"彭老板说，公司章程、公司兼并的一系列手续，都是他委托别人代办的，自己连那 11 名股东都认不全。"德士公司就像一个刚生下来的婴儿一样，我一直在投钱进去养育它，一直在填补公司的亏损。"

既然认为公司是自己一个人的，彭老板自然也想不明白，为什么从自己公司里拿钱用，也是犯罪。①

但法院认为，彭老板身为公司工作人员，利用职务便利，采用燃油发票平账的方法，将公司资金占为己有，数额巨大，其行为已构成职务侵占罪。此外，他利用职务上的便利，挪用本单位资金归个人使用，数额巨大，其行为又构成挪用资金罪，应当数罪并罚。据此，法

---

① 资料参见《法制日报》相关报道《温州德士汽车出租有限公司老总挪用资金、职务侵占 325 余万一审获刑十一年》，法制网记者陈东升、通讯员鹿轩，2013 年 5 月刊。

院判处彭老板有期徒刑十一年，并责令退赔赃款人民币三百余万元，返还给被害单位。

在本案中，因为缺乏法商思维，彭老板基本赔上了自己的一生，付出了惨重的代价。他不知道，德士公司是股份有限公司，股份公司财产≠股东财产，公司财产独立于股东个人财产，股东一旦将自己的钱款投入公司，便成为公司财产，任何人不得随意支配，哪怕是身为公司的执行董事兼总经理的他也不行。《中华人民共和国公司法》规定："公司"是指企业法人，有独立的法人财产，享有法人财产权。

因此，即便企业是自己呕心沥血的产物，也要清醒地意识到，企业有自己独立的人格，在法律上是完全独立的，万不可混为一谈。

误区二：我的是企业的，所以可以不加以区分

如果说在误区一里，企业主是混淆了企业独立财产权的概念，那么在误区二里，则是混淆了股东账户与公司账户的概念。很多中小企业的企业家和他的家族都有这样的观念：企业是我的，所以企业的资产就是我的资产，我的资产也随时可以作为企业的资产。殊不知公司是具有法人人格的，公司有限责任正是基于这样的前提。投资人乃至其家族的财产与公司的财产一旦混同，公司的独立法人人格就难以获得法律认可，公司就不再受有限责任保护，公司的风险就会蔓延到投资人乃至其家族，成为家族的风险。就会导致公司垮家族就垮、公司倒闭老板就跳楼的现象。我们来看一则案例：

案例

个人财产和公司财产不分导致的个人损失

大有公司是一家专门从事吊车租赁的企业，其股东是赵总和赵总妻子。在一次施工中，公司员工叶某操作一辆吊车时发生了意外，将工地上的两名施工工人砸伤。经过医疗鉴定，两名工人被定为十级伤残,而且此次事故发生的原因是吊车存在质量问题,因此,大有公司应当对此次事故负全部责任。

就在两名工人的家属要求大有公司承担巨额医疗费用时,却发现大有公司根本没有什么资产。于是家属们起诉到法院,要求这对股东夫妻承担连带赔偿责任。

赵总此时却并不担心,因为他认为这辆吊车是属于大有公司的财产,吊车质量问题而引发的损害赔偿责任应当由公司承担,不能追究到股东个人的头上。然而,法院经过审理,发现大有公司账户与赵总及其妻子的个人账户界限不清,从银行存取款记录看,赵总的个人账户与公司的账户间经常有往来款项。后来经调查得知,赵总个人经常从公司直接支取存款,而大有公司需要用钱时,赵总也随时汇款到大有公司的账户。最后,法院认为,因股东与公司账户不分,判决股东赵总和其妻子对此次事故承担连带赔偿责任。①

这时,赵总才傻了眼,因为个人财产和公司财产不分,导致公司的债务由股东个人承担,真是亏大了。

在这个案例中,赵总身为企业实际控制人,却通过个人账户任意支取企业经营款项,企业一旦缺钱,其又通过个人账户往企业打款,最终因为企业发生债务,不得不承担连带责任,自掏腰包不说,还因此吃上了官司。这种情况在我国的民营企业中经常会出现。很多企业主自以为设立和经营的是有限公司,实际上是个人独资企业。"夫妻公司""父子公司"以及新公司法实施后的"一人公司"是实践中常见的中小企业组织形式。企业主在经营中将公司财产与家庭或个人财产混为一体,结果对外发生纠纷的时候可能招致公司人格的丧失,失去"有限责任"的保护,比如一人有限责任公司的股东如果不能证明公司财产独立于股东自己财产的,应当对公司债务承担连带责任,出事后仍旧会追索到股东的个人财产。

---

① 案例来源:根据辽宁省锦州市中级人民法院(2014 年)锦审二民终再字第 00026 号判决书,整理完成。

误区三：我的企业可以一直在市场上保持竞争力，不会衰落（以前成功的经验往往就是现在失败的原因）

美国总统特朗普大家一定不陌生，这位美国顶级富豪——据《福布斯》杂志估计，他在2014年的个人财富就达到了40亿美元——曾数次在经历破产后东山再起。一次接受采访时，特朗普总结道："我犯过的最严重的错误是，我失去了重点，而且太贪玩。我会去看巴黎时装表演，而没有牢牢掌控自己的生意。我还以为一切会正常发展，钱会源源不断地流入。我父亲曾说过，我有点石成金的本领，我开始也相信这一点。"特朗普将这视为重要的教训。

而这可不仅仅只是特朗普一个人会犯的错误，事实上，成功创造了巨额财富的白手起家者经常会有高估自身能力的倾向。和特朗普一样，他们开始认为，自己能够点石成金。具有传奇色彩的投资家索罗斯就曾一再强调，对一个投资者来说，最危险的时刻是在他刚刚做成一笔或几笔极为成功的投资后。那时，他很容易感觉自己不会犯错，而且很难抵制开始筹划下一笔大投资的冲动。

这种过高的估计或者过于乐观的判断，体现在企业上的表现往往就是，认为自己的企业可以一直在市场上保持竞争力，认为只要自己调整好战略，就永不会衰落。但市场的变化，有时候总是令人措手不及，曾经的巨头企业可能一夕之间走向落寞，这种情况在国内企业家身上发生的，可以说数不胜数。

市场研究发现，当市场环境急剧变化时，很多让企业家引以为豪的策略反而会成为拖累企业的主要原因，所谓"成也萧何败也萧何"，门店的极速扩张，曾让美特斯邦威享尽人口红利，迅速成长为服饰巨头。但庞大的门店数量，在市场变化时却也让"美邦"陷入泥潭当中难以自拔，臃肿的身躯想要转型显得极其艰难。如果再拿不出有效的战略扭转颓势，"美邦"的结局可想而知。

事实上，我们经过统计发现，一般来讲，中国企业的生命周期是5~8年，做一个周期基本上就差不多了。杉杉控股董事局主席郑永刚就曾说：

"跟我一起32年前做企业的企业家,在中国已经寥寥无几了。被淘汰的其中一个原因就是周期,所以,周期内一定要有转型和升级的理念和思路,如果没有,你就跟着企业兴,跟着企业衰,这是我的体会。"

企业有生命周期,既是经济理论界的研究成果之一,也是企业家的深切感受和企业的运行规律总结。对中国企业来说,5~8年的生命周期,应该是在某一阶段、某一区域,甚至是大范围内具有一定影响力、知名度企业的基本情况总结,绝大多数中小企业,生命周期还没有这么长。

所以,尊重企业的生命周期,意识到很多情况下,并不是我们能力不够,而是市场风云变幻,有时候并不给我们挽大厦将倾的机会。认识到这一点,我们就需要做好筹划,以便在企业衰落的时候,能够全身而退。至于筹划的具体思路,后文会提到。

误区四:忽视企业家自己的人身风险:不知道如果我不在了,企业会产生很严重的问题,例如三角债

企业有生命周期,企业家也有生命周期。事实上,由于长期的高强度工作,外加背负的精神压力巨大,企业家已经成为诸如心脑血管疾病、癌症等重疾的高发群体。企业家作为企业的一把手,经常面对千头万绪的企业发展问题,大多数是工作狂,没有睡到自然醒、没有周末、没有节假日,工作时间长、作息不规律,即使有病也一拖再拖。

李开复在患病前经常和年轻人比赛熬夜,半夜回邮件;网上曾流传过王健林的一天作息表,他早上4点起床,工作量约是16小时;马云一年飞行了800多个小时,平均每天2小时在飞机上度过;柳传志讲到他得病时,往往病好了第二天就又立刻工作;《乔布斯传》的作者艾萨克森说:"乔布斯在死的前一天还是在工作……"这种作息及高强度的工作在企业家中并不鲜见。

不愿意说累,也似乎成为中国企业家的通病。

一个企业家、一把手的背后是一个企业,少则几人,多则几千、几万的员工。他们率领公司一路发展壮大,企业发展得越好,意味着他们的责任越重,而他们也就变得不敢病、死不起、离不开、放不下,牵一发而动全身。

商业评论家王育琨在《强者：企业家的梦想与痴醉》中，这样描述中国企业家的刚硬与脆弱：

> 因为那太阳般的盔甲过于耀眼，人们的目光穿透不了那耀眼的盔甲，抵达不了他们的心灵。在人们眼里，他们像那盔甲一样的坚硬，直到有一天，当那坚硬的躯体轰然倒下时，人们在震惊之余，不明白为什么如此坚硬的身躯会毫无征兆地坍塌。

这似乎也可以用中国先贤的一句话进行解释："天将降大任于斯人也，必先苦其心志，劳其筋骨，饿其体肤，空乏其身，行拂乱其所为也，所以动心忍性，增益其所不能。"所以虽然企业家表面看上去风光无限，而一旦选择成为一名企业家，便意味着他的一生从此将与压力、竞争、劳累、焦虑结伴而行，再也不得轻松。那么，你是否考虑过：万一有一天你不在了，你的企业是否已经做好准备来应对你的离开呢？你是否已经做好了足够的安排，来帮助你的家人来渡过难关呢？其实，企业家正视自己的生命周期，不仅是对自己和企业的尊重，更是寄托了对企业和家人无私的爱。我们来看一则案例：

案例

企业家突然离世造成的企业走向没落[①]

2015年的一天，郑州一家大型机械设备制造公司的大股东郑某因心脏病抢救无效逝世。他掌握的一家大型民营企业，是当地龙头企业，解决了几千人的就业问题。郑先生生前和妻子王女士育有5个子女，另外和李女士婚外生有1个儿子。由于他生前并未立下遗嘱，在

---

① 谭芳，桂芳芳. 家族财富保护与传承 [M]. 北京：人民日报出版社，2016：118-119.

他去世后，这两方开始对其遗产展开争夺。

遗产中最核心的一块资产自然是公司股权。公司注册资金2亿元，郑某出资1.2亿元，占60%股权，李女士出资4000万元，占20%股权，两个人的非婚生儿子出资4000万元，占20%股权。郑先生去世后，王女士和郑家5兄妹认为，他们应该全部继承郑某在公司60%的股权，但遭到李女士及其儿子一方的反对和阻挡，双方发生激烈冲突，甚至惊动了当地警方。双方也曾委托律师试图进行协商和解，但无奈双方诉求差距太大，无法达成任何协议。

企业陷入股权争夺后，公司工厂停工，员工人心惶惶，管理层和骨干纷纷被竞争对手挖走，工人纷纷到公司讨薪，企业陷入困顿，未来的发展前景令人堪忧，而股权的价值面临着严重缩水的风险……

在这个案例中，如果郑先生早早做好规划，处理好企业与家庭的问题，那么也许，即便他意外离世，也不至于让他的亲人成为生死仇敌，让他的企业走向没落，这一切本可通过提前安排来避免。身为现代文明人，我们应该尽己所能，在有能力规划的时候尽早处理。

以上就是企业家普遍存在的几种误区，这些误区的存在，让企业家在风险来临时，常常变成羸弱的"弱势群体"。所以，尽早进行财富规划、准备好退路和安排，对企业家来说就显得尤为重要。而当我们理解"我是我、企业是企业"的法商思维后，当我们明白"企业有自己的生命周期，企业家也有自己的生命周期"后，在此认知基础上，再进行有效的财富规划，就会变得非常简单。

避免公私混同，建立独立于企业与家庭的蓄水池账户，为家庭财富设立有效防火墙。

二、中国企业家发展史：他们从何而来？
（1978—2018年）

在进行具体财富规划讲解前，笔者先就中国企业家的形成和发展，为读者做一个简单的梳理，通过这种线索梳理，帮助大家建立对中国企业家的整体认知，同时也会回答"为什么中国企业家发生风险的概率会非常高"这一问题。希望能对你们有所启发。

中国企业家群体诞生于改革开放初期，扩大于多次的下海经商浪潮，成型于以房地产、互联网为主导的经济新常态时期。短短四十年，身处潮头的企业家已经更新换代了多次，人们前仆后继，在追求财富自由的路上撒腿狂奔，而他们遇到的问题和困难，从没像今天这样密集发生过……

（一）1978—1983年：农村能人草创时期

历时四十年的中国经济崛起运动——改革开放，肇始于对计划经济和阶级斗争理论的告别，它开始得非常匆忙且充满了争议，因而并无"蓝图"可言。不过，其发起的路径则是清晰的：所谓改革，是从农村发动，以家庭联产承包责任制为突破口，解放农民的劳动生产积极性；所谓开放，则是试图以特区和沿海城市搞活的方式，引进国际资本，实现制造业的进口替代。因而，企业家的萌芽，便是在这两大领域中率先出现，并以"农村能人"的广泛涌现为最重要的特征。

（二）1984—1991年：工厂管理启蒙时期

从1984年起，城市体制改革拉开帷幕，经济改革的主战场从农村向城市转移，承包制被大规模引进，即所谓的"包字进城"，城市经济中的边缘青年、大型国营工厂的下岗人员、找不到工作的退役军人，以及不甘于平庸生活的基层官员,成为新的创业者族群。

1984年,可以被视为"中国企业元年"。在这一年,一批极富个性的城市创业者集体出现在历史的舞台上,如联想公司柳传志、青岛海尔张瑞敏、深圳万科王石等。随着东南沿海优先发展战略的执行,企业创新的主流区域集中于沿海各省,由此出现了不同的地域性流派,包括苏南模式、温州模式和珠三角模式。

这一时期的企业发展有两个显著的特征。

其一,为了满足短缺的消费市场,从国外引进大量的生产线。质量管理和商品意识成为企业的核心竞争能力,日本式的管理思想得到极大的普及,几乎所有的成功者都是车间管理能手。

其二,民营企业的成功集中地发生在"吃穿用"——饮料食品、纺织服装和家用电器——三大领域。它们的出现,彻底改变了以重工业和军工产业为主的计划经济模型,推动了民生产业的快速扩张。

(三)1992—1997年:品牌营销狂飙时期

1992年邓小平南方谈话之后,下海经商成为人们的主流生存选择。企业家作为一个社会阶层,开始整体出现。在某种意义上,中国社会主流人群的创业经商运动,也是从1992年开始的。

整个20世纪90年代的中后期,是民族品牌大规模崛起的阶段。经历了十多年的产能扩张之后,短缺经济迅速向过剩经济转化,企业家的核心竞争力从生产能力向营销能力和公司治理能力迭代。在前两个时期出现的企业家群体中,凡是在市场化运营上出色的人,都成了"英雄"。他们惯用的"武器"有两个,一是倡导国人用国货,二是价格战。到1996年前后,他们在家电、服装和饮料等领域都取得了非凡的成功。

在这一趋势的推动下,出现了一批非常激进的营销型企业家。他们围猎中央电视台的"广告标王",实施广告轰炸和人海战术,一度主导了中国消费市场的潮流。他们又被称为"营销狂飙派"。

(四)1998—2008年:资本外延扩张时期

在经历了1998年的东亚金融危机之后,中国宏观经济发生了三个重大的战略性转变：其一，制造业由内需主导向外贸主导转变；其二，商品房制度诱发地产热；其三，城市化建设推动能源及重化产业蓬勃发展。

在这一时期，影响中国企业界的主流治理思想，从日本模式向美国模式迭代。在景气红利的陡变之下，制造业面向内需市场的创新变得乏力，"利润如刀片一样薄"（张瑞敏语）。与此同时，渠道商的力量爆发，进一步剥夺了制造业品牌商的利润空间，依靠成本和规模优势的"中国制造"（Made in China），迎来"黄金十年"。

互联网经济的从无到有，是这一时期最重要的中国现象。与之前所有创业者不同的是，他们从一开始就得到了国际风险投资及资本市场的支持，因此被看作"原罪"色彩最小的"阳光创业"典范。与1984年的"企业元年"类似，中国互联网公司的创建及模式雏形定型，均发生在1998年到1999年，这一时期可以被定义为中国互联网的元年。

与三大门户网站几乎同时创业，但在影响力上稍稍落后的企业还包括后来的BAT（百度、阿里巴巴、腾讯）及其他一些公司。他们在这一时期的集体出现，极大地改变了中国商业潮流的走向。

（五）2009—2018年：产业迭代创新时期

中国在2016年，由资本输入国一变而为资本输出国。在这期间，出现了一大批参与国际并购的企业家，比如，海尔的张瑞敏收购了三洋的白电业务；联想的杨元庆收购了摩托罗拉手机业务；美的集团的何享健收购了德国的机器人公司库卡。

在制造业领域，转型升级的客观需求与"互联网+"的新潮流合二为一，涌现了一批在商业模式和技术创新上都颇有作为的企业家，以及"蒙眼狂奔"的超级冒险家，如雷军、董明珠等。

在互联网领域，出现了两股大的冲击波：其一，发生在消费服务市场——O2O；其二是互联网金融——P2P，或科技金融。互联网金融的冲击波表现得更富有戏剧性。在2015年前后，全国出现了6000多家P2P公司，鱼龙混杂，沉渣泛起，最终以"e租宝事件"为标志，遭到监管部门的严厉整顿。再随后，阿里巴巴、腾讯、平安及京东等公司，成了实际的获益者。

在资讯服务领域，曾出现数以百计的视频网站，不过最终被 BAT 全部控制，形成优酷、爱奇艺和腾讯视频三分天下的格局。唯一例外的是新闻手机客户端，今日头条以算法技术杀出了一条血路。

互联网在中国的二十年里，始终扮演着颠覆者和重建者的角色。它对这个国家的产业经济和消费业态产生了深刻的影响，腾讯和阿里巴巴联袂成为亚洲市值最大的企业。与此同时，还有一些企业家，进入新能源、人工智能及基因科学等产业，其成败得失，迄今难以言断，不过无论如何，他们代表了中国产业探索的另外一个方向。①

四十年间，一代中国企业家由无产走向财富巅峰，他们在改变自己命运的同时，也参与了这个国家经济崛起的全部历程，它壮观、曲折，也充满了种种的争议。在改革开放的潮水中，中国经济快速增长，中国企业的体量也发生了巨大变化，在《财富》世界 500 强（2017 年）的名单中，中国公司的数量从 35 家增加到了 115 家，其中，有四家进入了前十行列。但在快速发展的另一面，却是成王败寇的旧事重演，因为市场变化太快，中国的企业也在一批一批地奔向死亡。据统计：中国每年约有 100 万家企业倒闭，平均每分钟就有 2 家企业倒闭，中国 4000 多万中小企业中，存活 5 年以上的不到 7%，10 年以上的不到 2%。换言之，中国超过 98% 的创业企业最终都会走向死亡。

在这其中，即使是所谓的"大鱼"也无法避免受伤或死亡。比如，曾在 2004 年、2005 年和 2008 年三度问鼎胡润百富榜大陆首富的黄光裕在 2010 年被捕入狱；2018 年 1 月，金盾董事长因负债 99 亿跳楼事件也引来社会一片哗然。

在经济宽裕的时代，财富固然可以拥有很多机会迅速增加，但是经济环境一旦发生变化，不少企业家需要仰仗高利贷来撑过最艰难的时刻。但高利贷往往是压垮自己的最后一根稻草，这样的例子，在改革开放 40 多年

---

① 吴晓波. 激荡十年，水大鱼大 [M]. 北京：中信出版社，2017.

间,无时无刻不在上演。

理清历史有助于我们观照现实,以史为鉴则可以让我们避免重蹈覆辙。企业财富规划,对企业家来说,其实早已急如星火、迫在眉睫。

三、尊重企业和企业家的生命周期，建立蓄水池账户

本章第一节我们已经谈到企业有自己的生命周期。其实，企业生命周期理论（Enterprise Life Cycle Theory）是经济学界颇负盛名的理论，很多学者对它进行过深入的研究和诠释。

它最初由美国人伊查克·爱迪斯创立，是企业发展和成长的动态轨迹。该理论认为，企业在不同时期有不同的特性和规律，需要企业家充分尊重它的生命周期，并探索不同的方法以形成较优的模式，从而保持企业的发展能力。

结合中国企业实际，将企业的生命周期分为四个阶段（见图6-1）：初创期、成长期、辉煌期、死亡期。

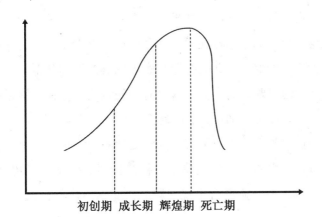

图6-1 企业生命周期图

初创期，就是初始资产投资设立企业的时期。在这个时期，一切都是未知的、崭新的，等待着去开拓创造，且还没有建立起稳定的盈利模式，没有打开市场。此时注册资本、股东结构和会计制度等都存在着资产混同的隐患和风险，需要格外注意。

成长期，则是企业的黄金发展阶段，风险相对较小，有扩张的动力和能力，其产品和服务都得到了一定的市场认可，形成了稳定的盈利模式。本着"利润最大化"的原则，在这个时期，很多企业会通过扩大规模、开发新品等来增加新的盈利点，同时通过融资来确保稀缺的"现金流"。而且一般而言，由于企业此时有无限的发展潜力，银行是很容易借钱给企业的。但是融资时面临的风险也自然不用说，个人及家庭资产担保会带来连带责任、个人民间借贷导致高额利息等，甚至企业家公私不分、消费拆借企业的钱的情况也时有发生。

辉煌期，是企业发展到顶峰，有了稳定的利润来源，资本积累越来越雄厚的时期。经济积累之后就是精神层面的追求，许多企业主为追求精神需求而盲目发展企业，最后导致家庭资产和企业资产混同，比如虚荣上市融资对赌、用公司资金添置个人资产、个人以公司名义出资添置公司资产等。

死亡期，也被称为离开期，顾名思义，是企业走向低谷的时期。死亡期总是很突然，生命曲线急剧下降。如果企业没有足够的保障，面临风险时崩盘的概率就会激增。如果企业在成长期和辉煌期有大量贷款，那么死亡期终了会吞噬大部分的财产。此时企业家意识到资产混同的危害，想要剥离个人资产，但为时已晚。而且处在这种时期的企业，往往会被银行抽贷，从而失去资金造血能力，加速企业的死亡。[1]

这么看来，企业家与企业界限不清、资产混同的风险贯穿于整个企业生命周期。建立对企业财富和家庭财富财产隔离的概念，学会运用保险、信托等财富传承工具，当企业经营出现问题时，能够不让危机波及自身、

---

[1] 罗兴. 法商论财富——家族企业财富保全和传承 [M]. 北京：人民日报出版社，2016：13-24.

波及家庭，或者有应对危机的手段，便显得尤为重要。蓄水池账户可以很好地帮助我们解决这个问题。

（一）什么是蓄水池账户？

蓄水池账户是一个独立于企业与家庭的账户。企业家准备这个蓄水池账户，并不意味着企业一定会有问题，相反，有很大的几率企业会越做越好，因为企业的现金流越来越好了。那么，企业跟蓄水池账户之间，是一种什么关系呢？我们来梳理一下蓄水池账号建立的过程，帮助大家理解。

企业主每日忙碌经营，最终目的是创造更多的利润，而利润的去向无非是两个地方：一部分增资企业、扩大再生产；另一部分做股票、基金等投资（见图6-2）。

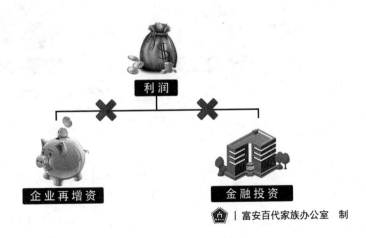

图 6-2 企业利润的去向

看似家庭和企业发展两不耽误。但是，这样的规划是有前提条件的，那就是保证公司经营顺利，市场行情稳定。可是，公司和市场会几十年如一日这么稳定吗？企业主们大部分是独资的中小型企业，对风险的抵抗能力其实是相对较差的，一旦市场出现风吹草动，先倒下的一批，都是这样的中小型企业。

比如，很多中小型企业是从贸易公司接单进行生产的，可能今年订单不错，获得了利润，扩大生产线，明年订单也不错，继续获得利润扩大生产线……可以后订单会不会一直这么多呢？如果明年突然没有订单怎么办？这个时候，我们就会面临如图 6-3 所示的状况，企业无法再增资，企业主的金融投资活动也会停止。

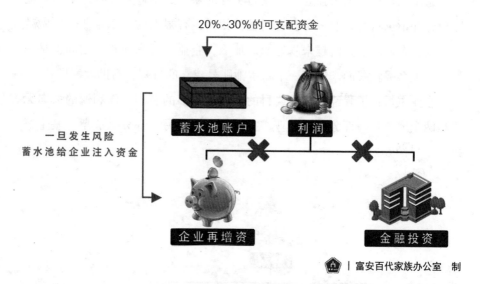

图 6-3　企业增资的情形

这个时候我们发现不仅家庭基本的生活保障受到了影响，连孩子的教育金、自己和父母的养老金以及家庭的一切规划都受到了影响。如果能够未雨绸缪，在我们现金流充裕的时候建立蓄水池账户，一旦出现风险，蓄水池账户就可以给企业注入流动资金，以解决燃眉之急。

还有一种"风险"，如果企业家一旦因疾病或意外提前"离开"，那么问题来了：企业负债谁来偿还？企业的经营由谁来管理？继承企业的子女面临多大资金压力？债权、债务人会不会产生纷争？如果子女无心继承或没有能力经营企业，那么可以通过聘请职业经理人来管理企业，可是职业经理人的薪酬是否提前准备好了呢？如果提前建立蓄水池账户，可以把资金定向给到家人；如果家人继续经营企业，蓄水池资金可作为过渡资金，以解决企业债务和流动资金问题；如果家人不愿意经营企业，蓄水池资金可作为职业经理人的薪酬，保障企业的永续经营（见图6-4）。

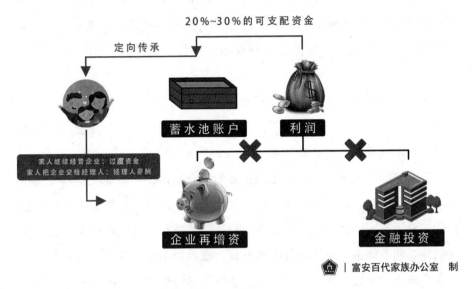

图6-4　企业家无法经营的情形

由此可见，建立资金蓄水池，对于保障家庭生活以及企业永续经营都有着极大的好处，而蓄水池的重要组成部分就是分红、年金类保险。

而有多少企业经营主准备好这个蓄水池了呢？这就是眼光与格局的问题了。做企业需要智慧，能够在企业和家庭之间两全也是智慧。假设一位创一代在企业和家庭之外建立了蓄水池账户，等到他老了之后，孩子接手企业，无论成败，创一代都可以很坦然地告诉孩子说："我做企业的时候，特别准备了一个蓄水池账户，现在有600万元了，会在我百年之后作为礼物送给你。"相信这份礼物一点都不比企业逊色。

（二）尊重企业家的生命周期，企业家发生风险很容易影响到家庭

在上文中已经提到企业家生命周期的问题，企业家发生风险不仅容易导致企业倒闭，而且还会影响到家庭的正常生活。接下来看看三种企业家发生风险后可能会发生的情况。

1. 三角债

"三角债"是人们对企业之间超过托收承付期或约定付款期应当付而未付的拖欠货款的俗称,是企业之间拖欠货款所形成的连锁债务关系。从反映企业"三角债"问题的绝对指标看,当前企业间账款相互拖欠现象严重。①

企业的"三角债"问题可以简单地理解为就是一个由甲企业欠乙企业的债,乙企业欠丙企业的债,丙企业又欠甲企业的债以及与此类似的债务关系构成的无秩的、开放的债务链。

企业之间的资金拖欠,有些是正常的商业信用,不可能完全避免,也不应该强行清理。但若波及面太广,规模过大,则会严重影响企业生产经营的正常运行,同时也会冲击银行信贷计划的执行。巨额的未清偿的债务欠款使企业不能进一步向银行申请贷款,或难以申请到信贷;越来越多的企业会陷入债务死扣之中,每一个企业既不愿意偿债,它的债权也无法得到清偿。

也就是说,"三角债"规模过大存在着严重的风险,如果中间任一资金链断裂,形成骨牌效应,将会带来灾难性后果,加剧企业之间的债务纠纷甚至导致企业破产。比如,假设甲企业欠乙企业的债,乙企业欠丙企业的债,丙企业又欠甲企业的债,而甲企业的企业家突发意外,那么丙企业将不还甲企业的债,但是甲企业仍需要还乙企业的债,这样将会对甲企业造成严重的资金风险甚至导致甲企业破产。

中国财政科学研究院 2017 年 8 月 1 日发布的《降成本:2017 年的调查与分析》报告显示,2014—2016 年样本企业的资产负债率在 63% 左右,这表明企业经营的财务风险较高,企业间债务相互拖欠情况较为严重。但是与 20 世纪 90 年代初的以国有企业为主的"三角债"危机有所不同,目前各种类型企业均有涉及,且中小企业和民营企业更为严重。

而对于民营企业来说,靠借贷维持的亏损业务越做越大,无异于在一

---

① 列铭."三角债"问题死灰复燃[N].中国商报,2012-09-18 (011).

点一点地自掘坟墓。当有一天，哪个环节的借款收不回来，资金链条出现裂痕的时候，企业也就陷入危机。更危险的是，由于现在许多企业家企不分，企业的三角债问题很有可能会损害到企业家家庭本身的利益，给家人留下严重的债务纠纷，影响家人的正常生活。

2. 合伙

合伙企业是指依法设立的由各合伙人订立合伙协议、共同出资、共同经营、共享收益、共担风险，并对合伙企业的债务承担无限连带责任的营利性组织。

在合伙人发生风险后，根据《中华人民共和国合伙企业法》第五十条规定：

> 合伙人死亡或者被依法宣告死亡的，对该合伙人在合伙企业中的财产份额享有合法继承权的继承人，按照合伙协议的约定或者经全体合伙人一致同意，从继承开始之日起，取得该合伙企业的合伙人资格。
>
> 有下列情形之一的，合伙企业应当向合伙人的继承人退还被继承合伙人的财产份额：（一）继承人不愿意成为合伙人；（二）法律规定或合伙协议约定合伙人必须具有相关资格，而该继承人未取得该资格；（三）合伙协议约定不能成为合伙人的其他情形。

合伙企业是中国很常见的企业模式，但在公司创办之初，合伙者们常以感情和义气去处理相互关系，公司内的制度和股权分配等问题可能没有明确规定，这会给合伙企业的经营带来很大的风险，"不要和最好的朋友合伙开公司！"这是《中国合伙人》里面的经典台词，但绝非笑谈。除此之外，公司与家庭的关系也很有可能没有剥离开来。合伙企业涉及不只一个家庭，之间的关系也更为复杂。但是由于合伙企业的创始人之间基于感情因素，很大程度上难以处理好企业与家庭之间的关系。

这样一来，根据《中华人民共和国合伙企业法》的规定，一旦合伙人发生意外风险，其继承人将取得该合伙企业的合伙人份额，但是其伴侣与孩子不一定了解普通合伙企业的管理运作，或者是不愿意成为合伙人，这时倘若该合伙人没有提前给予任何财产保护措施，曾经辛辛苦苦打下的半壁江山，可能会变成一个烫手山芋交给家庭。同时，也要认识到，在现实中，股权的继承在合伙企业中基本难以真正实现，因为起初组建合伙企业，合伙人一定是看重了合作伙伴身上的某个优点或者能力，当事人一旦去世，其他合伙人很难接受股权被传承给妻子或者孩子。所以合伙企业，最好做提前约定，或者购买合伙人保险。

3. 企业家任权更替

从封建继承制度开始，中国的朝代更替最重要的影响因素有三个。第一是继承人问题，继承人的优秀与否直接关系着整个国家的运转是否健康，政治是否清明；第二是官员之间的斗争，既有清官与贪官之间的斗争，也有文官与武将之间的斗争；第三是利益分配问题，农民与统治阶级之间的利益矛盾，统治阶级之间的利益矛盾。而这三个问题中首要的就是继承问题。

继承是一个封建君主制国家不得不面对的问题。秦始皇如果选择了公子扶苏作为继承人，那么以怀柔政策安抚各国民众情绪，大秦王朝虽然无法做到千秋万代，但是也不至于只经历两代就亡了国。而历数中国古代王朝，王朝的覆灭也总有一个不成器的皇帝，汉献帝无所作为、宋徽宗只识书画、宋度宗迷恋酒色、明熹宗沉迷木艺、清咸丰志高才疏……到今天，继承问题在当前现代职业经理制度还没有得到大力推广的家族企业中同样有很明显的体现。

个人和家庭的生命周期决定了家族企业在客观上存在领导权的更替，家族企业的传承问题是家族企业发展过程中必须要面对的重要课题。现在国内家族企业的第一代创业者多数已年近花甲，精力、知识结构、对市场的敏锐度开始逐步退化。《新财富》每年都排500富人榜，对2013年上榜者年龄做了一个分析，发现50岁以上的企业家占到了上榜富豪的60%，也就是这些人要在未来的五年到十年时间里开始或者完成他们的家族传承，毕竟没有人能跑赢时间。这是中国历史上第一次非常集中的民营企业交班换代的时期，二、三代财富传承将在全国遍地开花。

然而，根据中国民营经济研究会家族企业委员会 2015 年发布的《中国家族企业传承报告》，在抽样的 839 家家族控股企业中，相比于父辈较高的交班意愿，家族企业二代的接班意愿并不高。明确表示愿意接班的二代仅占总样本的 31%，有 14% 的二代明确表示不愿意接班，另有 45% 的二代对于接班的态度尚不明确。① 由此可见，我国很多家族企业将在传承过程中面临老一辈愿意交班而子女不愿意接班的困境。

近年来，许多企业的创始人遭遇意外灾难突然离世，更是使家族企业的传承面临着严峻的考验。我国家族企业由于创始人能力很强，权利过于集中，而在另一方面，家族企业的传承规划完善程度极低，缺乏系统思考和明确的方案，选择、培养继承人滞后。这种情形下，一旦创始人遭遇意外灾难突然离世，将会对企业造成灾难性的影响。

当创一代遭遇意外后，企业由盛转衰，究其原因，主要是创一代尚未做好企业传承的准备，一代意外去世后，二代仓促上位，不仅缺乏经营管理家族企业的经验，还无心于父辈的产业，导致其上位后不仅未做出成绩，甚至还无法掌舵家业，让一代商业帝国在十年间崩塌，本来凝聚在一起的李氏家族也分崩离析，结局令人唏嘘。但我们仍然可以通过由盛转衰的家族案例得出以下启示：

（1）提前制定人身风险预案。谁都不知道明天和意外哪一个先到来，那么企业家能够做的就是提前设立意外身故后企业运营应急预案，谨慎遴选接班人，尽量将冲击降到最低。

（2）早早做好系统明晰的企业传承规划。中国民营企业普遍呈现一种家族化、原始粗放的管理模式，但是随着企业的发展，这种模式的弊端渐渐显露，企业家应当考虑逐渐实现股权与经营权的分离，将企业的经营管理权更多地委托给职业经理人。这样能保证当创一代遭遇不测，二代不愿

---

① 数据来源：《中国家族企业传承报告》，中国民营经济研究会家族企业委员会 2015 年发布。

意接班或者没有能力接班时，企业还能正常地经营下去。

（3）选择多种方式进行财富传承。企业家要学会让企业独立于自己存在，因为家企不分，倘若创一代不在了，二代不愿意接班或者没有能力接班时，再成功的企业也无法守住。因此企业家要建立一个蓄水池账户，除了传承股权之外，还要考虑家族信托、保险等方式。

四、蓄水池账户的资产选择

企业家需要在企业生命周期中,为家庭配置蓄水池账户,才能抵御一次次事业的"拐点"。蓄水池账户的资产往往由四部分构成(见图6-5),分别是固收类理财、权益类理财、不动产和保证资产。其中最重要的是保证资产的规划。

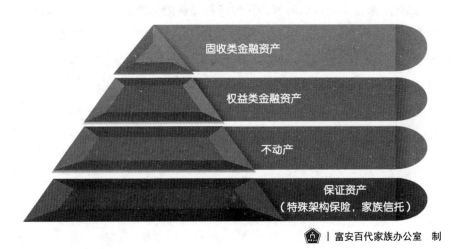

图6-5　蓄水池账户的资产构成

(一) 固定类理财

固定类理财包括银行的中低收益的理财、信托或三方财富的收益在9%以内的理财。这部分资产的特点是:第一,可以获得接近或达到通胀水平的回报,以类现金的方式积累下来;第二,在企业缺乏现金流的时候,这部分资产很容易回流到企业，资产保全效果比较一般；第三，随着政府打破刚兑工作的推进，这类资产也会存在风险，只是目前风险不大而已。

（二）权益类资产

权益类资产包括基金、股票、阳光私募、股权投资（PE）。这部分资产的特点是：第一，存在较大的风险。往往企业家投资基金、股票会产生很大的亏损，因为这种投资需要专业的技能，还需要遵守投资的"纪律"。如果选择阳光私募和股权基金，可供选择的余地太大，往往银行等销售渠道的业务人员，出于销售考核的压力，很难真的客观评价产品；第二，这部分资产是可以配置的，但不要自己操作，可以选择私募。从长线上看，是可能获得较大收益的。关键是要选择"头部资源"，就是找行业中最顶尖的几个公司和最顶尖的基金经理。

（三）不动产

近20年来，无论什么时候做房地产都是赚的，因为处在这个特定的经济周期。不动产是一个不错的蓄水池账户，一方面享受了经济发展的红利，另一方面，又可以抵押融资。但优点的背面往往是缺点。第一，站在2018年这个窗口，如果不动产占比太高，万一经济泡沫被刺破，安全的边际会被打破，如果还有很高的杠杆，那资产安全性就很低了，毕竟这只是蓄水池账户；第二，因为可以抵押融资，在企业现金流承担很大压力的时候，十之八九会抵押房产，那房产的蓄水池的功能就会大打折扣，甚至失效。

以上三种蓄水池资产还存有一些共性的问题。第一，如果公司涉及法律风险，譬如有人起诉追债，这三类资产都有被冻结的风险，被冻结就丧失了蓄水池的作用；第二，如果有限公司的有限责任被穿透，那这些资本都会被用作抵债，就丧失了资产隔离的功能。

（四）保证资产

第四种资产是保证资产，主要由特殊架构的保险和家族信托构成。保险是典型的投资人资产，如果用父母作为投保人，企业家作为被保险人，建立储蓄型的保险（短期交费的保险），因为不属于企业家夫妻的财产，所以不会被冻结，也不会被追债。家族信托因为财产的所有权已经发生了转移，法律上不属于企业家夫妻的财产，也不会被冻结或追债。虽然保证资产的回报不会很高，但是绝对安全。在蓄水池账户选择中是必须配置的资产。这种资产需要提前配置，因为一旦风险来临，再配置就是用合法方式掩盖非法目的，在法律上是无效的。

第七章
家族传承的秘密

家族财富并不是自动就能延续下去的。没有认真的规划和管理，辛苦赚来的财富很快就会被挥霍掉，"富不过三代"是一种常态。其实，财富容易消失并不是中国特有的现象，这一句谚语在全世界都是通用的，即便是在现代工业历史最久远的英国，也有"Clogs to clogs in the generations"的俗语，它所描述的事实就是第一代人穿着打补丁的衣服在土豆地里劳作，没有受过教育，通过辛勤劳动，一边积累财富一边维持节俭的生活；第二代上了大学，穿着时髦的衣服，在城市里有了自己的公寓楼，在乡村也有房产，开始步入上流社会；第三代人大部分过着奢侈的生活，几乎不工作，只知道花钱，这注定了第四代人将重新回到土豆地里干苦力活。这是财富传承典型的三部曲：首先是创造阶段，其次是停滞或维持现状，最后是消逝阶段。对此，人们不禁疑惑，从贫穷到富有再到贫穷的循环是不可避免的吗？在人类大部分的历史中，确实如此。

但是，对中国企业家来说，不管是否做好准备，都不得不开始正视传承的问题。现实上，改革开放和下海经商浪潮距今已40载，在这段伟大的财富变迁浪潮中，创一代们依靠果断、勤奋和高于同辈的决断力，成为时代的弄潮儿，创建了属于自己的财富帝国。但中国经济发展至今，增速放缓，创一代们也大多跨入生命后半段，财富积累完成了，守富、传富开始成为更紧要命题。可以想见，未来5~10年，中国将迎来民营企业接班狂潮，无数创二代们将不得不承担起父辈给予的责任，"欲戴皇冠，必承其重"，二代们能否顺利拿下接力棒，企业能否顺利交接，这些都逼迫着日渐老去的创一代必须拿出实际方案。

心理上，对家庭观念极强的中国人来说，"传承"是一种永远的诱惑，人们内心深处无不渴望着自己的家庭能够突破时间束缚，在这天地间更久更辉煌地存在。

那么，有没有可能通过规划，将财富保有的时间拉长、让子孙更多享受先祖的遗泽呢？有没有可能像西方社会已经产生的那些家族一样，建立起百年世家呢？本章节的内容就是笔者对这些问题的思考，借助这些思考中的方法论，相信读者一定能看到家族传承的方向，掌握其中至关重要的几把钥匙。

一、传承，传的是什么？

在研究"怎么传"之前，我们需要先理解：传承，究竟传的是什么？它包含哪些部分？这其中最重要的部分是什么？我们先来一一探讨这些问题。

笔者将可供传承的资产划分为四个部分（见图7-1），这四个部分分别是：

金融类	核心类	经历类	贡献类
金钱	家庭	教育	税收 vs 选择权和控制权
房产	健康	经历	慈善捐赠
退休计划	幸福安康	信誉	
生意	个人价值	传统	
珠宝	等等	等等	
等等			

富安百代家族办公室 制

图7-1 传承资产内容

金融资产（个人净资产，如金钱、房产、退休计划、生意等）；

核心资产（关乎我们是谁的终极定义，如天赋、健康、家庭、幸福、友谊、个人价值等）；

经历资产（经验、情感、头脑以及精神上的经历总和，如教育、

经历、信誉等);

贡献资产(对于他人的作用,如税收、选择权和控制权、慈善捐献等)①。

这四部分资产囊括了我们几乎所有的资产类型,不管是精神层面的还是物质层面的。在这四种资产之中,核心资产是决定我们是谁的中心因素,是"我之所以是我"的最佳注脚。对个体而言,核心资产拥有无与伦比的中心地位,其他的一切都是围绕着核心资产建立的,因为没有核心资产,我们便不可能成为我们自己。世上没有两片完全一样的树叶,更不存在两个完全相同的人。每个人的特殊性决定了核心资产的千变万化。

而经历资产则通过成长、学习以及各种机遇、抉择、挑战而成就或塑造了今天的我们。如果说核心资产是我们生而有之的话,那么经历资产就是外在的——我们得随着时间的推移慢慢掌握它们。如果你认真回忆一下,就会发现经历资产不可取代的重要价值,我们所拥有的一切都可能被别人夺走:我们的房子、车子、金钱,这所有的一切都可能转瞬即逝,但在我们脑海中的、在我们记忆中的、早已深化在我们行事方式和逻辑中的、早已完成沉淀和积累的经历,却是谁也夺不走的。它是时光长河里,上天送给我们的不可剥夺的礼物。

核心资产和经历资产对每个人来说,都是独一无二的,它们浓缩了我们一生的回忆、传统、习惯、形成的品格、为人处世的经验、我们的价值取向等,我们的人脉、社会地位、社会价值、社会归属感等都只不过是这两种资产的外在表现形式罢了。

但是,在处置传承资产中,我们常常会犯这样的错误,那就是把传承等同于"传钱",我们的思维中一旦形成这种认知,就会极大影响我们,促使我们做出错误的传承选择。其实,金融资产很少能传递到第三代正是因为我们的社会将关注点放在了错误的资产种类上,太过沉迷于金钱游戏

---

① 李·布劳尔. 财富的智慧(The Brower Quadrant)[M]. 凯洲家族研究院,译. 北京:东方出版社,2016.

了，可是在金钱游戏之上，却没有致力于获取并增强核心资产和经历资产，当人们将自己的所有资产传承给后代时，金融资产只是一种手段，而不是最终目的。

所以，传承首先应该是对核心资产和经历资产的传承，它们才是传承的关键，相比于金融资产，它们的重要性甚至会更高。事实上，如果子孙们失去了他们的核心资产和经历资产，那么他们的金融资产也将随之枯竭。与之相对的，如果子孙们拥有丰富的核心资产和经历资产，金融资产也会自动增长。最终，他们会过上富足的生活。

综上所述，根据这四种资产类型和对资产的认知判断，我们可以尝试着提出一些传承解决方案。

（一）把资产传承当作一个有机整体来看待，全面审视

我们不妨试着想象一幅这样的财富象限图：每一个象限都在核心资产的驱动下，以其独有的要素运动着，并与其他象限协作着，成为一个有机的整体。因此，当你从家庭的独特的核心资产、经历资产、贡献资产和金融资产的角度出发来看待人生的时候，你立刻就会发现各个资产融合在一起作为整体的价值远高于它们各自价值的简单相加，笔者把这种价值提升的现象称为象限智能。当一个家庭将所有四种形式的资产都融合在一起，这种智能就达到最优化值。

所以，一旦从整体全面的视角，来审视自身传承的时候，就会发现很多日常被忽略的细节。笔者建议读者朋友们，抽时间在一张白纸上画出一个象限图，并在每个象限下面，列出你认为重要的事物，你可以根据列出的这些事物，来拟订你的传承计划。这个过程中有助于我们检视自己的经历，来进行重新架构。毕竟人生不是任其发展的，而是由你去选择哪些将要被记住，哪些是重要的，哪些是能够传承给子孙后代的。

（二）注重核心资产、经历资产的培养和传承

前文中已经指出核心资产、经历资产的重要性，那么，为什么不尝试着通过和他人分享而将经历资产"资本化"呢？如果直到离开这个世界前，都没有把阅历所具有的价值传递给下一代，会不会产生罪恶感呢？如

果我们对生命中那些最珍贵的经历：早年前的创业路、失败事件、遭遇过的痛苦和挣扎都敝帚自珍的话，那我们的子辈孙辈就可能对我们当年白手起家的情形不得而知，他们也就无从体会我们创业兴家的渴求和劲头，更学不会对这一切产生珍惜感了。

所以，找时间把经历资产"资本化"吧，可以通过言传身教、有意识的闲聊、仪式化的教育、录制视频音频、写自传等方式，用更多的时间来完成家族精神、家族价值观、信念的传承，把人生变成送给子孙后代的礼物。

除了尽可能传承核心资产和经历资产之外，还应该积极培养后代们自己的这两样资产。

据闻，英国有一个家族，已经三百年了。每一代的男孩可以有两个选择：要么为家族事业服务、未来成为家族企业的管理人；要么不在家族工作，领取家族信托提供的体面而稳定的收入，维持自己的正常生活和教育发展。如果选择前一种，那他就必须参与竞争。比如，这个家族这一代有四个小孩希望能够参与家族事业，那么按照家族的规则，他们就必须选择家族企业从未涉足过的领域，或者是从未去过的地方，去那些还没有被开拓的市场打拼。这个过程需要十年，而且在这十年中，家族不会给他一分钱；十年以后，大家拿出自己的成绩回来，向家族管理委员会汇报并且参加面试。

也就是说，这个英国家族始终用竞争的方式来解决"传给谁"的问题，以保证家族企业能够发展壮大。很多企业都是通过这种"叔叔带侄子"的方法来竞争。下一代的两三个候选人，通过参与基层工作来表现自己的企业家能力，最后由上一代选出其中最合适的那个接班人。

反观中国企业的传承，则大多是通过偶然性来决定到底谁来接班，比如很多香港和台湾家族企业，很多是上一代分家，轮到哪一位下一代就哪一位来接班，这种偶然性安排当然无法和制度性安排相媲美了。当然，中国企业家们还面临另一个尴尬的现状，那就是受到30多年来计划生育政策的影响，很多家庭只有一个孩子，家业只能传给他，没有第二个选择，使得中国民企在传承时多数面对的是"是非题"而非"选择题",这大大限制了家族内传承的可操作空间。面对这种情况,我们则需要充分发展下一代的核心资产,培养他们的经历资产,比如让他从基层开始历练或者让他自己去创业一番,或许是很好的办法。换言之,我们应该准备一种类似"跑马"的制度,提供一种类似在战场上通过获得功勋升为将军的机会,磨炼我们的下一代。

所以,传承最重要的其实不是当下的企业规模、行业,能给多少股份、什么职务,更重要的是把企业家精神传承给第二代,一旦第二代有了这个精神,那么无论在什么行业中,无论在什么职位上,他都很有竞争力,能够持续进步——而这恰恰是最难的。如果第二代没有企业家精神,那么今天的江山就会成为他明天的负担,甚至是埋葬他的坟墓。

(三)做长期的制度性安排,不要"事到临头"才仓促而为

从目前来看,传承的方法有比较随意性的安排,也有制度性的安排。

随意性的安排,比如上一代凭经验、凭感觉,说:"老大做这个,老二做那个,你们去吧。"然后让子女上上商学院、交交朋友,再让老前辈、老朋友带一带。这种安排的效果往往并不能很好地达成上一代传承企业的目的,多数是会失败的。

传承应该作为一个"长期计划"来做很周全的安排,第一代创业者应该在创业第一天就开始考虑这件事,并始终将之作为企业的重要议题放在战略层面来规划。比如新希望集团的家业传承,就是中国企业家传承的很好范本。新希望集团董事长刘永好从1982年白手起家创业,如今坐拥数百亿资产,是同时代企业家中的翘楚。女儿刘畅是标准"80后",和其他家族二代一样,很小便被送到国外念书,接受西式教育,成年后才回国,几经周折,进入家族公司工作。刘永好用10多年时间细心规划,让女儿在公司的不同岗位历练,积累经验,并最终通过独创的"混合制"家业传承模式,成功将主营业务所属的上市公司——新希望六和股份有限公司交到刘畅手中。

所以,我们应当把传承当作一个过程,而不是一个事件。参照新希望

集团的成功规划,继承者并不应该在一开始就参与到企业管理中,他应该和所有的员工一样,从基层开始磨炼,在证明自己的能力之后,才可能被筛选进入核心管理层。也就是说,最后胜出的继承者,和家族的关系就体现在血脉和价值观上,而不是体现在股权上,他未来的收入仍然和外聘的职业经理人一样,是靠能力、业绩、奖金、期权获得的。

所以,这样长期的制度安排,能够结合职业经理人和家族企业两个方面的优势,从目前看来,成功率还是比较高的。此外,长期的规划还能更好解决"遗产税"的问题,如果传承的过程比较长,那就可以有效、合法地规避一些遗产税;如果不是长期的安排,那么突然的财富转移,就会让下一代面临很大的税负困境。

二、如何有效运用遗嘱？

除了注重家族传承的制度构建之外，还需要对传承中所用到的几个工具有深入的了解，合理运用传承工具，将极大提高传承的效率，同时借助每个工具的优势，可规避很多传承风险，首先聊聊遗嘱。

（一）留爱不留憾：订立遗嘱与吉利与否无关

不同民族有不同的文化，对遗嘱有不同的认识和态度。在东方，由于传统习俗的影响，立遗嘱往往被认为是不吉利的行为。谈起遗嘱，中国人的第一反应往往是消极的、悲观的、憎恶的。而在西方，立遗嘱历史由来已久，也是非常普遍的社会行为。许多西方人在孩子刚出生时就立好遗嘱，海外企业家也早早就在拥有资产的时候立下遗嘱，随时防备突发事件的发生。

坦白说，这两种基于不同文化所形成的喜好观念，并没有对错之分。只是，作为高净值人群，我们更提倡采用西方式观念来看待遗嘱，理由很简单：高净值人群占有的社会资源更多，面临死亡，请别给自己留遗憾。这个世界唯一不变的就是变化，谁能预言下一刻究竟会发生什么？怀抱最美好的愿望，设想最糟糕的情况，一切都会变得容易些。

所以，期盼读者能够换种方式来看待遗嘱，毕竟，正是这看似不吉利的举动，能够保证在这个变幻莫测的世界上，给自己和亲人一个明确的交代，给生命保有一份足够的尊严。

理解了这一层，我们就该明白，立遗嘱不是因为恐惧，而是为了让爱没有遗憾，同时，一份准备充分的遗嘱也能让我们聚焦到人生最重要的关系和最重要的目标上。

而就国内现状来说，围绕遗嘱产生了两个现象：第一是中国人不爱提前立遗嘱，第二是弥留之际的交付过于仓促或来不及。而今，随着个人财富的增加，遗嘱的意义及价值日益凸显，围绕遗嘱的讨论及争议也持续发酵。

在对待遗嘱时，往往有这样几个认知偏差：总以为遗嘱有可能造成家庭不睦；抑或以为家里只有一个孩子，依靠法律分配完全足矣；或者认为遗嘱只是涉及家庭而与企业无关；再或者心想等病了老了再来谈遗嘱吧，等等。

这些认知偏差，造成国人就算立下遗嘱也总是差强人意、错漏百出，因此，在笔者看来，树立正确的遗嘱观念，才是改变现状的关键。

我们总结一下，遗嘱的作用主要有三个，第一是进行风险防范，防止起纠纷；第二是作为一种法律工具，让个人财富的流向符合自己的意愿；第三是把立遗嘱当作一项责任，不给家人添麻烦，不给自己留遗憾。

（二）订立遗嘱的关键点：请律师

为了实现以上三个目标，我们首先需要做的，是请个好律师。

大家可能会想，笔者在这里是不是有推销律师之嫌，其实不然。在司法实践中，有学者做过统计，发现大部分遗嘱是无效的或者部分无效的，即使是经过公证的遗嘱，也往往因为公证员不审核具体的内容，很难达到立遗嘱的目的。

所以，订立遗嘱的关键，就是先找个好律师，毕竟法律条文浩如烟海，完全不必要花费心思去研究这些枯燥的条文，只需要找到懂行的专家就可以了。而且，别忘了，律师在订立遗嘱时还有很重要的作用：

第一，律师可以帮助审核财产的权属，判别财产究竟是个人财产还是夫妻共同财产。立遗嘱前，对财产的归属判别尤其关键，需要先知道哪些财产是可以独立处置的，哪些需要经过夫妻另一方的同意。如果不进行有效判别，往往会产生不好的结果。

《中华人民共和国婚姻法》规定夫妻家庭地位平等，对家庭重大财产的处置，即使是自己的遗愿，也应当充分尊重对方对家庭重大财产处置的权利，应当事先征得对方的同意。如果没有先把夫妻共同财产中对方的那部分分出来单独处置，那么所立的遗嘱就可能部分甚至全部失效。所以，请律师对自己的财产权属进行判别，是立遗嘱至关重要的第一步。

第二，律师可以协助拟定措辞严密的遗嘱条文。按《中华人民共和国继承法》规定，遗嘱的法定形式主要有公证遗嘱、自书遗嘱、代书遗嘱、录音遗嘱和口头遗嘱等，其中后三种遗嘱均需要两个以上见证人。除了录音遗嘱和口头遗嘱之外，在设立遗嘱时，需要借助律师的专业知识和实操经验，既要让律师吃透当事人的想法，也要按照法律规定去寻求自身情况的最优解。

第三，律师也可以成为遗嘱执行人，且是遗嘱执行人较为合适的人选。

当遗嘱人逝世后，遗嘱的公布、家庭会议的召开、财产的清点分割和移交、及时处理善后事宜、与相关机构和当事人的协调、执行遗嘱的内容等事项，都需要公正、公信和经验丰富的人来执行。

可见，如果一份遗嘱没有遗嘱执行人，就很难保证遗嘱能得到有效的执行。《中华人民共和国继承法》规定，遗嘱人可以指定遗嘱执行人。而律师作为专业法律人，对客户有着天然的忠诚度，并且由于是收费办理，如果没有为客户办理好，会承担民事责任。相比较而言，选择律师作为遗嘱执行人，既避免了在自己的继承人中选择一个遗嘱执行人而导致在分遗产时受到来自其他继承人的种种非议，也避免了选择朋友作为遗嘱执行人时在分遗产时受到来自继承人的不理解乃至诉讼。

实际案例

迈克尔·杰克逊的遗嘱执行律师[1]

现年58岁的布兰卡已经做了二十余年的法律顾问，是迈克尔·杰

---

[1] 参考迈克尔·杰克逊遗嘱：LAST WILL OF MICHAEL JOSEPH JACKSON；另参考扬子晚报评论文章《迈克尔·杰克逊遗嘱被曝造假，珍妮痛斥律师诈欺》。

克逊的忠诚伙伴。杰克逊构建了他的经济王国,其中包括在杰克逊购买梦幻庄园时进行协商等。

起初,杰克逊和布兰卡是很好的朋友。他们同游迪士尼,在布兰卡的家中会见朋友,在布兰卡的婚礼上,杰克逊还为他做了伴郎。两人既是感情深厚的朋友,也是相互扶持的事业伙伴。

但是这样的亲密关系并非一帆风顺。1990年,杰克逊含泪告诉布兰卡说他想换其他代理人。尽管从未得到布兰卡的证实,但外界一直传闻是好莱坞电影大亨、唱片公司主管大卫·格芬向杰克逊提议说布兰卡对他的影响过大了。

在各行其道的三年中,布兰卡同其他艺人合作。1993年,杰克逊因猥亵男童案被诉时,布兰卡回到了他的身边。之后,布兰卡向杰克逊介绍认识了猫王的女儿丽萨·玛丽,虽然两人未能白头偕老,但短暂的婚姻还是让外界轰动一时。布兰卡至今还珍藏着两人结婚后送的一张两人肖像画,杰克逊亲自写下了这样的题字:送给这个时代最伟大的律师——约翰。

1997年,杰克逊请公司的一名专长于遗嘱的律师起草了第一份遗嘱,2002年他最小的孩子出生后又进行了修改。

2006年,两人关系再度出现裂痕。布兰卡说,那时杰克逊周围有一堆顾问给他提各种建议,但布兰卡认为他们并没有把杰克逊的利益放在第一位。在那种情况下,布兰卡提出辞职,杰克逊也并未挽留,两人和平"分手"。

在杰克逊离世前一个多月的一天,布兰卡收到其前经理人的电话邀请他回去。两人几年未见,互相拥抱后,杰克逊说:"约翰,你终于回来了。"布兰卡说当时的情形非常令人动情。

两人再度"重修旧好"后,布兰卡制定了一份议事日程。他说,他和另一位遗产管理人麦克兰所做的,包括制作音乐会电影、出书和其他商品化计划等,这些都是杰克逊生前所希望实现的。

迈克尔·杰克逊选了一个好遗嘱执行人。虽然迈克尔·杰克逊身边坏人不少,但由于遗嘱执行人的存在,他身后虽有一些官司,但遗嘱执行人都很好地承担下来了,并没有发生大的变故。迈克尔最关心的他所领养的孩子们,也并没有因此受到困扰。

(三)遗嘱执行中的继承权公证

谈完了遗嘱的订立问题,最后谈谈遗嘱的继承权问题。首先大家需要明确,遗嘱是无法直接执行的,在发生继承前,需要经过继承权公证,如果继承权公证达不成协议,往往就需要走诉讼流程。所以,常见的继承方式就是继承权公证和诉讼继承两种。

继承权公证,按定义来看,是指公证机关根据当事人的申请,依照法律规定证明哪些人对被继承人的遗产享有继承权,并证明其继承活动真实、合法。按继承法规定,在继承权公证时,首先会看看当事人是否有遗嘱,有遗嘱的先按照遗嘱来执行,而在前文我们所提到的所有遗嘱类型中,又以公证遗嘱的法律效力最高。如果没有遗嘱,就会按照法定顺序继承,其中,配偶、子女、父母为第一顺序继承人;兄弟姐妹、祖父母和外祖父母为第二顺序的继承人。

理解了继承权公证的基本操作思路,就会对遗嘱设立有更深刻的认识。再来看一个最近在网上刷屏的案例:关于小丽继承房子的故事。

实际案例

独生子女蒙了!父母去世后,他们的房产你竟无法继承?[1]

小丽是独生女,父亲10年前去世,母亲今年刚过世。父母生前在杭州留下一套127平方米的房子,价值约300万元。房产原先登记在父亲名下。父亲去世时小丽还未成家,因此没去办理过户手续。

现在母亲已经去世,小丽也已成家,女儿两周岁,再过一年就上

---

[1] 本案例参考搜狐焦点、新浪财经网现有资料。

幼儿园了。因为父母留下的房子是学区房，小丽就想把房屋过户到自己名下，然后把户口迁进去。可是，在过户的时候，小丽却遇到了麻烦……

房管局拒绝办理。

小丽拿着房产证和父母的死亡证明到了房管局，要求过户。房管局却说，仅凭这些东西没法给小丽办理过户手续。小丽要么提供公证处出具的继承公证书，要么拿法院的判决书去，他们才给办。

小丽无奈之下，立刻去了公证处。

公证处要求亲人全部到场。

找到公证处一问，小丽傻眼了。

"公证处的人说让我把我爸妈的亲戚全部找到，带到公证处去才给办理公证。可我爸妈的亲戚全国各地都有，有的还出国了，我到哪去找他们？"小丽感觉受到了一万点伤害。

在当下中国，这是非常典型的一个案例——没有狗血剧情，没有复杂纠纷，父母辛苦一辈子攒下的房产，作为独生女的小丽，却无法顺利获取其法定继承权。这也就是说，倘若父母生前未立遗嘱，未将房产赠与子女，他们过世后其房产（遗产）等都有可能被兄弟姐妹参与瓜分，无法令子女全额继承。

为什么会这样呢？我们来详细给大家分析下这个案例中继承比例是怎么算的：

（1）这套房子是小丽父母的婚内共同财产，小丽父亲去世，这套房产的1/2属于小丽妈，1/2属于小丽爸。

（2）小丽爸去世时，有三个继承人，那就是小丽妈、小丽、还有小丽奶奶。如果没有特殊情况，那么三人平分1/2。因此小丽妈在原有1/2的基础上再获得1/6，合计2/3，小丽分得1/6，小丽奶奶分得1/6。

（3）小丽奶奶过世后，属于小丽奶奶的1/6本该由小丽爸四个兄弟姐妹转继承，一人1/24，但这时小丽大伯和小丽爸先于奶奶过世了。

因此根据法律规定,由小丽大伯和小丽爸的晚辈直系血亲代为继承,也就是小丽大伯的 1/24 由他的三个孩子各继承 1/72,小丽爸的 1/24 由小丽继承。

加上前面的 1/6,小丽现在有 5/24。

(4) 小丽二伯的 1/24,根据法律规定,婚内继承的遗产除非遗嘱指定归个人,否则就是夫妻共同财产。从理论上讲,小丽二伯离婚后,这 1/24 应该分成两半,二伯 1/48,二婶 1/48。

(5) 小姑姑和小姑父没离婚,因此共同拥有 1/24。

(6) 现在小丽妈过世,小丽妈只有小丽一个继承人,因此小丽妈的财产全部由小丽继承。所以小丽最终的财产继承份额是 5/24+2/3 = 7/8(见图 7-3)。

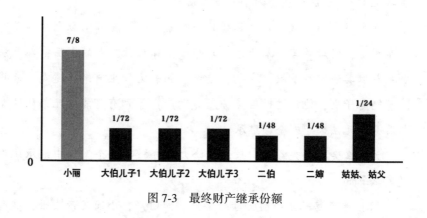

图 7-3　最终财产继承份额

是的,你没看错!房子被分得支离破碎,传说中的七大姑八大姨都来分房子啦!

在这个案例中,我们看到,按照法定继承关系,排在第一顺序继承的人,包括配偶、子女、父母。这也意味着,在祖孙三代关系中,一旦中间的父辈早逝,父辈又未立遗嘱,祖辈也没放弃继承,那么原属于父辈的财产（房产）需均分给祖辈和孙辈，而这也从现实角度上提醒了我们早立遗嘱的必要性。

【特别说明：为继承人准备备用现金（保险）】

除了早立遗嘱，在考虑财富传承时，还需要有万全准备。其实十分必要且关键的一项准备是：为继承人准备好备用现金。

为什么要准备备用现金呢？因为在继承发生时，继承人需要手里有一笔充足的资金，来应对继承过程中可能发生的任何变化。不妨来计算一下，就拿继承房产来说，继承权公证的费用包含公证费（按照房产评估价的2%收取）、房产评估费、房产过户费（主要是0.05%的印花税）等，其中，房产评估费采用差额累进方式计算：100万以下为5‰、100万~1000万的部分为2.5‰、1000万到2000万的部分为1.5‰……而在继承当中可能发生的费用支出还包括可能出台的遗产税、赠与税以及诉讼费、律师费和执行费等，可想而知，这任何一笔费用支出都不是小数目。

而在备用现金准备工具的选择上，笔者认为保险当是其中的最优解。因为在设立好保单后，一旦自己发生变故，继承人可以在短时间内获得充足的现金，而不必面临无钱做继承的尴尬处境。

所以，提前做继承规划吧，承担起订立遗嘱的责任，让财产成为爱的载体，而不是纠结的源泉。

三、巧用家族信托

信托的应用范围,可以和人类的想象力相媲美。

——斯考特 [美]

在高净值客户的财富传承中,家族信托将会成为越来越重要的工具。家族信托在英美已经是一种相当成熟的财富传承工具,这几年已成为私人银行的标配,香港的富豪和名人也基本上配置了这种工具。不过,家族信托在中国内地兴起才短短几年时间,2018年银保监会《37号文》对家族信托作了专门的定义:

> 家族信托是指信托公司接受单一个人或者家庭的委托,以家庭财富的保护、传承和管理为主要信托目的,提供财产规划、风险隔离、资产配置、子女教育、家族治理、公益(慈善)事业等定制化事务管理和金融服务的信托业务。家族信托财产金额或价值不低于1000万元,受益人应包括委托人在内的家庭成员,但委托人不得为唯一受益人,单纯以追求信托财产保值增值为主要信托目的,具有专户理财性质和资产管理属性的信托业务不属于家族信托。

这是银保监会第一次对家族信托做出界定,也是家族信托第一次有了官方定性和法律适用的原则。不出意外,家族信托在国内会迎来一个井喷式的发展,而家族信托产品未来10年的玩法或许就是从这份文件开始的。

而此前，法学界主流观点虽然也认为信托计划具有破产隔离的属性，我国的信托法也隐约提及了这一点，但终究是不甚明朗。而《37号文》彻底确立了家族信托破产隔离的特性，同时又以1000万元的设立门槛和一条兜底条款防止了家族信托成为新的监管套利重灾区。

而从功能上看，由于我国立法对于信托以外的资管产品并未明确破产隔离的属性，家族信托在财富传承中的资产隔离功能是其他资管产品所难以实现的。因此，在考虑家族财富传承时，家族信托对高净值人群变得尤其重要。

那么，抛开法条，家族信托究竟是什么呢？为了方便读者更好理解，笔者讲个故事来捋一捋。

从前有个蔡老板，他辛苦创业，获得了改革开放的红利，身家过亿。家里除了娇妻、豪宅、基金股票外，还有一个刚成年的儿子。蔡老板很宝贝这个儿子，主要原因是蔡老板年轻时忙着工作赚钱，老来才得子。蔡老板如今快60岁了，在考虑把财产传给儿子时，有几个问题很让他头疼。

（1）蔡老板深知巨额的财富不一定是幸福，也可能是毒药。

他并不想一下子把大额财产直接给儿子，让儿子觉得财富来得如此容易，以致失去向上的动力。蔡老板出身农村，经历过"文革"，也过过苦日子，深知没钱的窘迫，更明白金钱对人的腐蚀。

所以对蔡老板而言，一个理想的传承程序是有计划的、逐步的、能够按照自己意愿进行控制的过程。

比如在儿子结婚时给多少，生孩子时给多少，孙子辈上学时给多少，等等。这样对于儿子来说，他既不会坐吃山空，也不会因为太安逸而失去前进动力。

（2）蔡老板在把财富传承给儿子时，也有很多隐忧和顾虑。

比如儿子结婚后，如果和媳妇相处不好怎么办？现在年轻人的离婚率这么高，万一两人以后闹离婚怎么办？或者儿子遇人不淑，遭遇翟欣欣式毒妻怎么办？那岂不是媳妇要瓜分财产？老蔡家的财富将直接缩水一半？

（3）蔡老板有部分海外资产，有房子等不动产。

蔡老板早些年在加拿大购置过多处房产，但加拿大跟美国一样，有高额的遗产税和赠与税。如果把房产证上的名字从老蔡变为小蔡，甚至还会征收印花税。如很多华人老板一样，蔡老板一想到自己家房子变更，还需要交这么多税，就有点不乐意。

（4）和大多数华人老板一样，蔡老板的人生里也不缺少婚姻第三者。

他曾和一个叫如花的年轻姑娘有过一段婚外情，后来被太太知晓，不得已断了联系。只是当时蔡老板跟如花感情如胶似漆，有过宣誓，有过承诺，甚至还写过一个欠条，说明蔡老板若不娶如花回家，便欠她一个亿。

现在面临家产传承，蔡老板很担心如花来找麻烦。其实，让蔡老板头疼的几个问题，完全可以通过设立家族信托来解决。要懂家族信托，首先要懂这几个概念，概念不多，很容易理解。

①财产委托人（Settlor）：指设立家族信托把自己财产送出去的人。

②信托受益人（Beneficiary）：指信托中财产惠顾对象。

③信托受托人（Trustee）：指管理信托中财产的管家。

信托受托人是一个非常重要的角色。从法律上说，蔡老板一旦设立家族信托，这些财产的所有权，就从蔡老板转给了受托人。也就是说，这些财产已经不是蔡老板的了，而是信托受托人的了。所以在设立家族信托时，找对信托受托人，是关键一环。信托受托人可以是个人，也可以是专业信托公司。

④信托（Trust）：蔡老板可以把自己想要传承的财产，比如房产、股票、现金等，都放在信托内。

信托同时也是一个法律文件。在文件中，蔡老板需要规定很多细节。比如该信托的主要用途是什么，在什么条件下可以分发给信托受益人多少资产，花多少年分发，信托可以投资什么，不可以投资什么，等等。

那么，信托的好处有哪些呢？

首先，它可以避免家族内财产纠纷。在信托中，有哪些受益人，每个人应该获得多少，在什么条件下可以获得多少财产，都规定得清清楚楚。

到时候分财产和执行的就是受托人，而不是委托人。相当于委托人就把如何分蛋糕这个烫手山芋交给受托人来处理。

其次，它能隔离财产，避免将父辈的债务传到下一代。所谓"父债子不偿"。在刚才的故事里，蔡老板如果有外债，在没有信托的情况下，即使蔡老板把房子赠与小蔡，债权人还是可以通过打官司要求小蔡卖房偿债。

但如果蔡老板设立了家族信托，那么其债主就有一个追债时限，如果在追债时限内债主没有起诉，那么该信托内的财产就被视为独立资产，在蔡老板的债务纠纷中不会被追偿。

最后，避税省税，财产保值。这点不详述，也能理解。

综上，在笔者看来，一个合格的家族信托就是一种以信托公司为代持单位的"专业代持"。简单说，就是信托机构受委托人的委托，代为管理、处置委托人家庭财产的财产管理，以实现委托人的财富规划及传承目标。为此，笔者专门制作了一张家族信托关系图，如图7-2所示，可以看出，家族信托可以完成对资产的多元化配置，也可以根据客户不同的情况和需求来进行灵活的制度安排，实现客户的目的。同时，还可以将家族企业的股权归入家族信托之中，通过家族信托进行经营和管理。

家族信托作为财富传承工具的最大优势在于它是一个完美的风险隔离机制。此优势来源于信托财产的独立性，同时，信托财产也独立于受托人的个人财产以及受托人管理的其他财产。在没有进行分配利益的情况下，

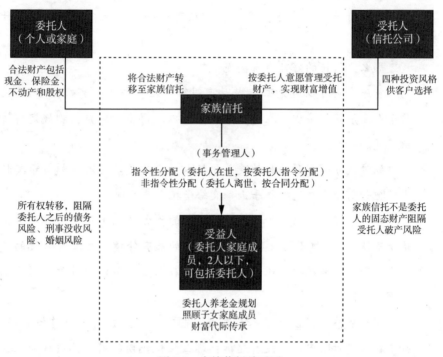

图 7-2 家族信托关系图

受益的债权人也无权去申请执行信托财产。

当然,《37号文》也明确了家族信托不属于资产管理产品范畴,不适用资管新规要求的属性特点。这里所隐含的条件就是要求家族信托必须是非专户理财性质信托,也就是说单纯以追求信托财产保值增值为主要信托目的、具有专户理财性质和资产管理属性的信托业务不属于家族信托;同时家族信托也是非自益信托,家族信托受益人是包含委托人在内的家庭成员,必须有他益,委托人不得为唯一受益人,不能是纯自益信托,这样家族信托才具备财产传承功能。《37号文》指明家族信托发展回归信托制度代际传承本源的用意不言而喻。

所以,从这一维度上来说,家族信托作为财富管理的一种有效制度安排,本质上并不是一个产品,而是一种法律架构、一种法律关系。高净值人群在税务居民身份、婚姻家庭结构、家族涉猎产业等方面情况相对比较复杂，对未来家庭成员身份规划、婚姻财产约定、企业持股设计等有个性化安排需求。如何通过家族信托既考虑当下需求的解决，又兼顾未来家庭与企业发展变化的潜在需求，是家族信托将要解决的命题。

在笔者看来，对现阶段的中国高净值家庭来说，巧用家族信托至少有三方面功用：

（1）家族信托借助分配合同实现对家庭成员的照顾，并且可以跨越世代。

单纯的财富传承并不难，但想要在传承财富的同时传承祖辈精神，则并非易事。尤其是如何让从小在优渥环境下成长起来的下一代，传承父辈精神，继续勤勉奋斗，是让许多创一代头疼的问题。从前，传承家风多是依靠家训、遗嘱等方式。尤其是家训，在中国，家训是要求子孙立身处世、持家治业的教诲。但时移世易，在如今空前繁华、浮躁、充满诱惑的社会中，仅仅依靠家训、保险金、遗嘱继承传承财富并不够，还需配合着使用家族信托。因为家族信托不但解决了关于家族财富传承的痛点，还能有效地解决家风传承的问题。

家族信托之所以同时具备传承财富和家风的功能，是因为委托人设立家族信托后，可以要求受益人必须达到一定条件方可获得收益，如果违反家族精神，受益权可被收回。如此，便可有效地激励和约束后代。

比如，委托人可以要求受益人在年满18岁后、出国留学期间、结婚、生育、创业等人生不同阶段获得收益，使受益人的行为符合家族精神，鼓励受益人以更积极的态度面对人生。通过家族信托长期持续的理念传承家族精神，委托人能够提前规划对家族后代的婚姻、教育、创业、生活等的要求和支持，让家族精神世代传承。

此外，家族信托还能有效解决非婚生子女、残障、败家子等特殊类子女的财富传承问题，通过分配合同，保证他们未来的品质生活，避免财富为子女带来困扰，实现对家庭成员的照顾。为子孙后代留下一笔永恒的财富，提供除遗嘱公证以外一种有效灵活的选择。

笔者此前曾帮助不少高净值客户筹划家族信托，不妨就以一位客户的情况为例，方便大家更好理解：

张先生是一家科技公司的大股东，也是实际操盘的总经理，38岁，离婚，有一个儿子八岁，自己带，二婚的女儿一岁，配偶是全职太太。因为经常出差，工作压力大，担心自己发生风险，孩子没有足够的成长金，也担心自己发生风险后，孩子受到差别待遇。张先生建立信托的目的是照顾未成年子女，规避个人的人身风险和婚姻风险给孩子带来的困扰。

而在具体设立上，家族信托可由现金构成，银保监会规定现金必须达到1000万元以上，也可以由至少300万元的现金加上总额达到700万元的保险金信托构成。当现金达到一定规模的时候，也可以由现金+股权+不动产构成（目前不同的信托公司对现金起点的要求不一样）。

张先生选择用300万元的现金加上保险金信托，为自己建立一个家族信托。其中现金部分，选择成长型的投资风格，希望预期回报可以达到10%。这一部分钱用作自己和配偶未来的养老。按照8%的回报，现金的部分大约会九年翻一倍，到60岁的时候，账上大约会有1600多万元，把投资风格调整为保守型，每年的养老金会有接近100万元。

每年再额外增加24.9万元，可以在未来20年额外提供2000万元到3200万元的保障（参照某大型保险公司的条款），如果因为疾病或者意外身故，保险公司会赔付约2000万元到3200万元，直接进入家族信托账户，和现金一起，按照提前订立的分配条款，分给受益人，分配可以一直持续到孩子结婚生子，经济完全独立。如果张先生一直平平安安，20年后，终身的保额会调整为700万元，如果意外身故则是1400万元，这些也会在张先生百年之后，并入家族信托，按照张先生的意愿分配给受益人（见表7.1）。

表 7.1　　　　　　　　张先生的家族信托

现金部分		杠杆部分		家族信托
初始300万元，按成长型下限8%测算，60岁时大约为1600多万元，可以作为养老金使用。	+	每年24.9万元，20年存入498万元。20年内是孩子成长的关键期，疾病身故身价为2000万元，意外身故身价为2700万元，自驾车意外身故为3200万元。70岁后终身疾病身故身价为700万，意外身故身价为1400万元。	=	孩子成长关键期锁定了2300万元以上的现金，按照预先与信托公司签订的分配合同分配，确保两个孩子成长费用无忧。如果张先生平安度过关键期，锁定1600万元（预期），用作夫妻养老金。终身留一笔家族继承金，照顾二代甚至三代。

张先生做这种规划的好处是：拨出一部分现金，作为自己的养老金，让自己的创业没有后顾之忧，不会因为企业发生各种各样的风险，导致自己财务状况恶化，甚至到了晚年，衣食无着落。现在的企业的生命周期越来越短了，而竞争的压力却越来越大了，这种规划无疑是未雨绸缪。另外一方面，在未来自己20年的奋斗期，也是孩子没有真正经济独立之前，给孩子准备了很高的一个杠杆资金，假如自己发生风险，这笔钱足够照顾孩子到成年甚至到成熟，根据孩子特殊的情况进行资金分配，也能保证孩子得到公平待遇。

(2) 可以用家族信托借助信托公司的理财能力进行财富管理。

很多高净值客户赚钱是因为在自己熟悉的领域中专注和坚持，但很难在多个领域中都做到熟悉、专注和坚持。笔者见过很多高净值客户，手上有现金，就会做其他实业投资，这种投资往往亏多赚少，原因很简单，因为不熟悉。为什么许多企业家往往对金融市场敬而远之？因为银行普通理财回报太少，私募投资的合同基本看不懂，坑比较多，炒股基本上亏多赚少，干脆就不碰了。其实这是不合适的。金融的投资是高净值客户必须要配置的一个板块，只是这个板块不要自己亲自做，而是要尽可能委托专业机构来操作。

金融投资有两个关键点：第一个是长线投资。金融具有非常明显的波段特征，例如股票会涨涨跌跌，但是有规律。黄金、债市和股市也有内在的逻辑关系，在一个相对比较长的时间，比如10年到15年期间，专业人士按照规律进行操作，赚钱的几率就比普通人大很多。第二个关键点就是用人之智，一定要挑选专业的机构为我们去理财。信托公司其实从成立的初期就是为大机构进行理财的，之后才开始为高净值客户提供理财服务，信托公司代表着理财的较高水平，又放在一个中长期的周期中，风险是比较低的，回报其实不比做企业差。

可以看一下一家国内TOP3的信托公司，它的回报水平（见表7.2）：

表7.2　　　　国内TOP3某信托公司的回报水平

投资风格	项目示例	成立时间	主要投资标的	年化利率	备注
保守型	××纯公益家族信托	2009	固定收益产品	6%	因以公益捐赠为主要目的，按委托人要求仅进行了低风险固收投资。
稳健型	新疆公益	2002	股票、债券	10%	因以公益捐赠为主要目的，按委托人要求仅进行了低风险固收投资，并适当进行了股票股资。
成长型	黄金组合一期一号	2010	股票	12%	2011—2015年复合收益率12%，在包括私募基金的同类产品中5年平均排名百分比31%。
进取型	××基金会全权委托	2008	固收、PE	15%	固收资产投资主要用来满足定期捐赠需求，PE投资主要是为了加强长期组合抗通胀能力。

注：（1）根据资管法规，信托公司不承担刚兑业务，投资有可能亏本；
（2）信托公司代表着金融行业的顶尖财富管理水平，一直为高净值客户和大机构进行财富管理。

(3) 最重要的是可以借助家族信托的属性，来完成财富传承。

家族信托从某种意义上，代表一种财富传承的文化。目前，国内高净值人群并无迫在眉睫的税收压力，因此更倾向于将资产握在手中，自己打理。但在海外，不少境外运作家族信托的机构生存时间很长，比如瑞士的一些机构有200~300年历史，美国的一些机构有100多年历史，这些"百年老字号"会给高净值人士信心，说明其通过岁月摸爬滚打的财富管理决策程序行之有效，能通过一系列规划条款做到合理避税，实现财富保值增值，至少抵御通货膨胀不是问题。

如果企业做得很大，我们完全可以把企业股权和不动产全部放进家族信托，在香港很多富豪都会做类似的安排，邵逸夫就是一个典型代表。很多人认识他，是通过很多大学和中学的逸夫楼，其实他很早以前就把自己所有资产都放进了家族信托，在推动慈善事业发展落地的同时，来做好家族财富的传承。我们可以看看邵逸夫家族信托的具体设计架构（见图7-5）。

当然，富豪们设立家族信托，不仅仅是实现资产的隔离、保值增值、对家族成员的照顾和财富传承，还有非常重要的一点，是可以改善家族的财富治理结构。可以通过设立家族委员会来控制整个家族信托，而家族委员会的运作模式可参照家族宪章。洛克菲勒家族用这样的模式，现在已经传递到了第七代，洛克菲勒的家族在美国的影响力也越来越大。

家族信托还有一些额外的功能，比如作为婚前财产。默多克和邓文迪离婚的时候，默多克的所有产业都没有受任何影响，因为他所有的产业都提前并入了家族信托，在和邓文迪结婚之后，也是作为婚前财产存在的，离婚不会做任何分割。这几年国内已经有很多富豪开始用家族信托规划自己的财富，未来十年会有更多的高净值客户加入这个行列，甚至很多中产都可以利用家族信托来规划自己的养老和财富，毕竟在一二线城市有几套房子，就已经价值千万以上了，能够拿出300万元现金的人会越来越多。

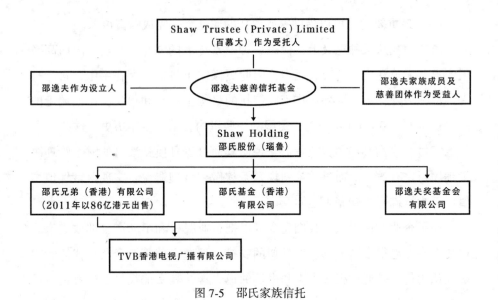

图 7-5 邵氏家族信托

值得注意的是,家族信托中配置的资产要求所有权转移,从设立人的手中转移到信托机构,且时间很长,有的是超过 30 年,有的甚至是永远。这种财产安排的方式,目前国内很多高净值人士似乎还无法接受,这需要观念和文化的转变。

笔者在此也呼吁读者,改革开放发展至今,不少创一代们依靠勤劳和勇敢获得了属于自己的福报,而现在是到了考虑财富传承的时候了。家族信托就是希望保留"火种",事先作出安排,合理处置资产,为家族成员寻求一种可靠稳定的经济来源,破解"富不过三代"的魔咒,让中国本土也能诞生足够数量的百年世家,这本身就是一项令人心生向往的事业。

第八章
慈善是百年世家的标配

改革开放四十年间,我们看见了无数时代机遇带来的财富奇迹,也看见了无数财富神话陨落后的传奇家族,即使在最好的年代里,有些家族依旧逃不过盛极必衰的命运。

时代的浪潮一波接着一波,我们无法保证自己能始终紧跟时代,站在社会浪潮的前沿,更无法保证后辈能妥善打理财富缔造者呕心沥血创下的基业,延续家族的兴盛。

本章旨在讨论慈善与家族财富、文化教育的意义,梳理了中西方不同的慈善文化与发展源流,通过强调观念差别,来说明西方『慈善基金会+信托』模式的特别魅力,和所能借鉴的地方。

在家族传承的过程中，财富传承仅仅是其中的一环，潮来潮去，谁也无法保证家族下一代、下两代人能始终把握先机走在时代前列。从历史来看，无论是多么显赫的家族，都经历过低迷的时期，有些家族在低迷中消失，而有些家族却能化险为夷、延续繁盛。

对于那些百年家族而言，最宝贵的并不是积攒的无数财富，而是一套经得起时间考验的财富精神。因为一套已成体系的财富精神是始终能在家族繁衍中流传下去的，财富可能会因一次风险遭受巨大损失，但只要人在，家族财富精神还在，即使遇到风浪，这个家族依旧拥有抵御风浪或者东山再起的能力。

在前面的章节中，笔者提到了家族信托、保险金信托、大额保险等在财富传承过程的重要作用，但它们作为传承过程中的财富工具，只能协助达成财富传承意愿、照顾好下一代。要想家族长盛不衰、富过三代，还需要传承家族财富精神。

那么如何才能真正实现财富精神的传承，相信各位读者朋友都有自己的想法和见解。笔者在这里不揣浅见，谈一点自己的思考。首先，先来看看欧美发达国家的一组数据，根据哈佛大学研究表明，英国人的代际地位稳定性和财富代际传承率达到了75%，在过去7个世纪里，英国社会财富阶层的连贯性几乎没有变化，富有的家族有70%~80%的可能性继续富有，甚至有一半的概率，到了第三代、第四代依然富有，而英国政治精英阶层的家族稳固程度更甚，达到了骇人的91%。

为什么像英国这样的欧美国家可以把政治、企业等精英家族延续百年甚至千年、传承三代甚至更多代呢？今天的中国，是否也能孕育出一批空前绝后的百年世家呢？

中国人自古以来就讲究以家为本，被儒家奉为圭臬的四书之一《大学》里就曾道出千年来中国人最远大的人生理想："治国齐家平天下"，而"欲治其国者，先齐其家"，齐家成了最根本的理想。但相比欧美，不得不说，中国人在家族传承方法和理念上是十分落后的。

这里面有历史因素的原因，也有文化观念的掣肘。面对现状，今天的中国，应该向西方诸国汲取哪些营养呢？答案就是重拾对财富精神在内的诸多文化资产的传承，这部分内容在第七章第一节中已做过详细的讨论，其中还有很关键的一点，将在本章重点探讨，那就是慈善。

一、为何说慈善是百年家族的标配？

第一次世界大战期间，英国共有600万人参战，平民子弟的死亡率为12.6%，但以伊顿公学为代表的贵族学校子弟死亡率达到了45%，有近一半勇敢的青年永远沉睡在了战场；第二次世界大战期间，英国阵亡的3000多位飞行员中，贵族占了85%。欧洲的社会精英们至今流传着一句谚语：noblesse oblige，翻译过来就是"贵族的义务"或者"高贵的义务"。被赋予财富和权力的特权阶层们，必须要承担与之相应的责任与义务，这既是一种荣誉，也是一项使命。

从这一层面上来说，慈善本质上就是富人需要承担起的时代使命。或许之前大家认为慈善很简单，就是扶贫济困，或者好人好事学雷锋，但这是不够的。我们来看400多年前的英国，公元1601年，英国正面临非常大的困局，城市贫困问题困扰着他们。所以他们在当年的《慈善用益法》中对慈善做出了人类历史上第一次界定，老人、残疾贫困的救济、教育，士兵、贫困女子的婚姻，甚至创业青年、弱者的扶助等，在当时就已经被纳入慈善的范畴之中。

女王伊丽莎白一世在该法中授权设立支持特定宗教或者慈善机构的私人永久存续基金，基金会被定义为永久性的赠与，以助益慈善事业或者值得帮助的人。这几乎包含了一切非营利领域。

400多年过去了，我国也有了《中华人民共和国慈善法》，第三条以列举的方式罗列了中国法律上的慈善到底是什么，其中的一、二、三项限于传统的慈善领域，比如扶贫救困、扶老、救灾等，但是第四项将所规定的

"促进教科文卫事业的发展"、第五项规定的"环境保护和生态维护",以及第六项的"兜底性条款"都将现代公益的范畴和内涵融入进来。这样一个界定表述无疑是具有时代特征的。

迄今为止,中华人民共和国已成立70周年,国人对财富的探索从贫困饥饿过渡到温饱小康。近些年,随着中国经济的腾飞,部分国民首先富裕起来,钱袋子鼓了起来,生活也慢慢幸福起来,但解决温饱问题后,新的问题又来了:当我们有了足够多的钱,除了满足体面的衣食住行需求,还有什么是我们必须消费的呢?

从历史的发展来看,富人往往会选择做慈善。为什么?因为富贵中也会深藏危机。党的十九大提出:中国特色社会主义进入新时代,我国社会主要矛盾已经转化为人民日益增长的美好生活需要和不平衡不充分的发展之间的矛盾。社会主要矛盾的变化是关系全局的历史性变化,它不仅对党和国家工作提出了新要求,也对"先富起来"的人发出了友善的提醒。

中国大多富裕家庭是搭上了改革开放的早班车,抓住时代的契机,实现财富的快速累积与地位的提升。但如今,经济发展有待振兴、贫富差距变大、社会阶层矛盾变多,越来越多的问题显露出来,中国经济秩序面临重新调整的局面。

前联合国秘书长安南在获得诺贝尔和平奖时,有一个比较经典的致辞,致辞的核心意思是说,今天真正的边界并非在国家之间,而是在有权者与无权者、自由者与被奴役者、尊贵者和卑微者之间,把自然的蝴蝶效应也放在人类社会里面,认为人类社会的某一角落所遭受的痛苦会像蝴蝶效应一样影响到整个人类共同体。

所以,此时提出慈善的命题,其实是恰逢其时的,具有非凡的意义和价值。我们即将迎来一个崭新的财富向善的时代、财富共享的时代,只有那些学会了与社会共享财富的家族,才能真正实现家族血脉的延续和财富繁荣的统一。这既是现实需要,即可以帮助政府解决许多需要民间资本参与的社会问题,如养老、教育、环保、医疗卫生等,也是家族延续的价值延伸,赋予财富更多的荣耀和尊严。

(一) 慈善对家族传承的意义

慈善不仅仅是一次善举,更是构建家族文化与价值观、增进家庭成员关系黏性、对后代进行财富精神教育的重要方式。

对于财富守护者而言,虽然从小耳濡目染,长辈会将财富缔造过程中的实战经验传授于他们,但由于始终未参与到创富的过程中,他们对财富的认识与态度总会区别于财富缔造者,这就很容易在两代人之间产生"代际隔阂"。

但在两代人交接家族控制权的过程中,后一代人所要接收的绝不仅仅只有财富,更重要的是祖辈流传下来的创富经验与教训。如果说财富的传承是为后代提供发展基础,帮助他们站在一个好的起跑线上,那么慈善的意义则是让孩子在慈善活动中学会项目设计、项目管理、财富管理等基本技能,并且在能力培养中,还能让孩子感受到向善的力量。对于没有从苦难中创富的孩子来说,做慈善无疑是一次经受财富精神洗礼的机会。并且在慈善项目进行的过程中,整个家庭都参与其中,家庭成员,尤其是上下代之间的交流会更多,也更深入。比如在《谁会真正关心慈善》这本书里,作者用了数十年来做研究,结果发现慈善实际上是始于家庭的。他们发现,人成为父母之后比没有孩子的独身主义者更为慷慨,生养孩子多的比生养孩子少的更可能捐赠,这好像有点违背常理,因为孩子多了负担会更重,但是孩子多的家庭的捐赠款明显多于孩子少的,行善是可以通过学习获得的。为什么乐于行善的父母会教育子女也做善事呢?因为助人是让人快乐的,父母要让子女快乐地生活,不仅仅是活着。因此可见慈善和家庭的关系太密切了,是相辅相成的。

当然,真正的驱动力来自很多方面,比如延续家族的价值观来增强家族的凝聚力。我们会发现,富不过三代实际上是因为善不过三代,我们会发现为什么创业者能获得财富,因为他身上有过人的品质,无论是勤劳或坚韧不拔,或是与人为善的品格。财产是能够继承的,但是这种品行如何继承下去?如果要富过三代就必须善过三代,通过慈善让上一辈树立乐善好施的榜样,让下一代有同情心、责任感和价值观。家族慈善可以增强家族内部的凝聚力，某种程度上还提升了家族企业本身的内部治理。

（二）如何行善？

如果经过一番思考后，如果读者开始对慈善产生兴趣了，那么可以先思考下面三句话：

- 慈善并不是简单的捐款，它需要一个系统来运作，要把有限的慈善金发挥最大的价值；
- 慈善是一笔家族财富，它可以影响后代对财富的看法与态度，甚至是家族教育的一部分；
- 慈善是可持续的，它可以一直被传承下去。

慈善也是一种事业，它需要足够的思考与关注。如果将慈善看作一份家族财富，就需要考虑它的形态。

那么它的形态是怎样的呢？

一千个家庭有一千种答案。有些家庭偏爱环保，有些家庭又会特别关注留守儿童，慈善的具体细节是由每个家庭决定的，但有一点不会改变：需要一个可持续、可循环的慈善，而这种慈善是需要合理的系统制度的，需要让投入慈善的资产与投入慈善活动的支出平衡起来。

通过合理的安排，一方面，让投入慈善的资产能自己造血，让其具有可持续的自我发展能力；另一方面，让投入慈善的资产能被合理利用，最大效率地运用好每份慈善资产。

简单来说，如果只将慈善看成一场简单的活动，每年捐点钱就好了。如果想把慈善当成一种可传承的事业，那么就需要搭建一个能自我造血的系统，让它能自给自足，并不断投入慈善事业中。

二、"慈善基金会+信托"究竟有何魅力？

慈善基金会与慈善信托作为舶来品，到了21世纪，国人才逐渐知道这些词汇。但在西方尤其是美国，慈善发展已久。早在20世纪20年代左右，美国因经济繁荣大背景下社会矛盾日趋尖锐，贫富两极分化，穷人对富人如何花费自己的巨额财富产生强烈关注和期许，这迫使美国不少百万富翁开始回馈社会，以消解穷人的怨气。

彼时在太平洋的对岸，美国作为一个新兴移民国家，不存在欧洲根深蒂固的贵族和平民阶层文化，美国人鼓励努力奋斗创造财富，也认同取于社会的财富应回馈社会。当时最具有代表性的三大基金会就是对后世产生重要影响的洛克菲勒基金会、塞奇基金会和卡内基基金会。

经过一个多世纪的发展变迁，美国慈善文化已颇为成熟，正如上一节中所提到的比尔及梅琳达·盖茨基金会，正是极负盛名的美国慈善基金会。

（一）西方的慈善文化

现代意义的慈善文化起源于工业革命时期的英国，工业革命为英国带来了经济的繁荣，也带来了贫富差异的加剧，正是在那时，以教会为主导的捐赠活动开始盛行。直到1601年，英国议会通过了《济贫法》，与此同时，伊丽莎白一世颁布了《英格兰慈善用途法规》[①]，这部法规对捐赠对象的分类与对援助对象的监督等内容进行说明，是现代慈善事业发展史上

---

① 摘录自《财富的责任与资本主义演变》，资中筠著。

的第一块里程碑。

现代慈善文化虽起于英国，但盛于北美。在英国殖民运动的扩张之下，慈善文化也登陆美洲大陆。如今，美国不仅拥有完善的的税收制度来刺激慈善事业的发展，更重要的是，在这种文化的熏陶下，慈善被当作一个重要的行业对待，相关的法律制定与人才培养都得到了国家的重视与关切。

历经百年发展后，慈善对于巨富家族而言，已不单单意味着回馈社会或者避税减税，它更像是一个传承家族精神的工具，影响着一代又一代。我们可以从过去美国最具代表性的三大基金会之一——洛克菲勒基金会，开始深入体会西方的慈善文化。

洛克菲勒家族是闻名世界的石油巨富家族，比尔·盖茨曾说："我心目中的赚钱英雄只有一个名字，那就是洛克菲勒。"

洛克菲勒家族通过石油生意积累巨额财富，据说如果老洛克菲勒能活到今天，他的财富将比全球前10大富豪的总资产还要多10%。但更重要的是，从19世纪中叶到现在，已历六世，即使经历两次世界大战、数不尽的经济危机，这个家族依然能在跌宕红尘中屹立不倒，仍然续写着辉煌的历史。

案例

慈善，让洛克菲勒家族富过六代①

被人称为"石油大王"的约翰·戴维森·洛克菲勒（以下简称"老洛克菲勒"）是20世纪第一个亿万富翁，《福布斯》网站曾公布过"美国史上15大富豪"排行榜，最终约翰·洛克菲勒名列榜首。

他以许多负面手段成为了空前绝后的巨富，但他终生不烟不酒，私生活严谨，一生勤俭自持，并在晚年将大部分财产捐出资助慈善事

---

① 本案例参考搜狐网、凤凰财经现有资料。

业，成为美国近代史上极富传奇色彩与争议性的人物之一。

在老洛克菲勒去世以后，他的惊人财富除了用于慈善，大部分还是被儿子小洛克菲勒继承。长大后的小洛克菲勒对慈善事业充满了热忱，终于在1904年设立了"公共教育基金"（后发展为洛克菲勒基金会），专注为教育、健康、扶贫、民权等领域做出捐赠。

小洛克菲勒的行为影响了他的孩子们。1940年，小洛克菲勒的五个儿子创立了洛克菲勒兄弟基金会，旨在帮助建立一个更加公正、可持续发展以及和平的世界。成立之初，小洛克菲勒向其投入了大量的捐赠，并在1999年，这家基金会与另一家基金会合并，共同为世界谋福祉。截至2015年7月31日，基金会投资总额已超过8亿美元。

20世纪50年代，洛克菲勒兄弟基金会成立了特别研究计划总委员会，这也是洛克菲勒家族影响政府政策的重要里程碑。再之后，洛克菲勒家族与中国、泰国友好交往，并在中美、美泰外交关系中产生了积极影响，也因此，洛克菲勒家族在全球的社会影响力不断提升。

如今洛克菲勒的后代们依旧续写着这部家族辉煌史，他们并没有整天躲在房间里计划如何守住自己的财富，而是积极地参与慈善事业，在让整个社会分享他们的财富的同时，又将家族的影响力渗透到世界各地。

在当时，慈善文化影响着美国财阀集团，而足以撼动美国经济的财阀家族又用他们的慈善行动推动着本国的慈善文化。在这样的文化氛围下，美国出现了大批基金会，尤其是在20世纪后期，许多美国基金会开始在全世界范围内扩大他们的影响力。也因此，美国慈善基金会、慈善信托等相关工具的发展已不再局限于某个个人或者某个家族，而是慢慢地融入了政府与社会的力量，其运用制度与法律法规也变得更加完善。

慈善事业之所以能在西方迅速发展，除了法律制度的完善，还因为美国税法对基金会资产增值的鼓励，这种鼓励让基金会发展的天地更加广阔，也让其生命力更加蓬勃。

而为了让慈善资金实现自我增值,让慈善变得"可循环",许多家族会利用"基金会+信托"的方式来打理家族慈善事业。在本章所提及的案例中,无论是洛克菲勒家族,还是比尔·盖茨家族都同样地选择了这种模式。那么慈善基金会与慈善信托究竟是如何帮助这些家族打理财富的?它们有何区别,又有何功用?

(二)慈善基金会与慈善信托

乍听这两个词,可能会把它们弄混淆。确实在很多时候,慈善基金会与慈善信托很相似,毕竟它们都是运用于慈善领域的法律工具,但在实际操作中,这两者的用途还是有所不同的。

可以从表8.1中看看慈善信托与慈善基金会的区别。

表8.1 慈善基金会和慈善信托的区别

	基金会	慈善信托
成立方式	不低于200万元,批准制设立	无限制要求,设立慈善信托采用备案制
监督机制	受民政部门管理和监督,信息透明度一般	向银监会报告、向民政部门报备;定期信息披露,引入信托监察人进行监督,透明度高
捐赠财产财产隔离	不具备	具备
捐赠财产账户管理	基金会只有一个银行账户,需根据不同慈善项目手工进行资金区别	每个慈善信托都有对应的信托专户(银行账户)应用,确保专款专用
捐赠财产保值增值	多数基金会缺乏投资管理能力,实务中一般以活期存款方式存放于银行,部分基金会的投资则委托银行、信托等专业金融机构进行	具备专业投资管理能力,可依据委托人风险偏好在慈善信托合同中约定捐赠财产的投资管理范围,实现捐赠财产的保值增值

续表

	基金会	慈善信托
捐赠财产管理过程中的税收	取得投资收益和股权增值收益需缴纳所得税	信托计划属于契约型产品,非法人主体无需缴纳营业税和所得税
捐赠发票	可直接开具捐赠发票	暂无法直接开具捐赠发票;实务中多通过与基金会合作为委托人开具公益事业捐赠票据
运营成本	较高。不同类型的基金会,薪酬及形成支出的上限为当年总支出(含捐赠支出)的10%~20%;基金会通常从捐赠资金中提取5%~10%作为运营、管理费用	很低。慈善信托受托人管理费用和信托监察人报酬,每年度合计一般不高于慈善信托财产总额的千分之八(实践中甚至更低)
每年最低捐赠额度	公募资金会每年慈善事业支出不得低于上一年总收入的70%;非公募基金会,根据不同的类型,不得低于上年末净资产的6%~8%	无要求,可灵活掌握;在股权等长期投资资产捐赠方面具有优势

经过两者的对比,我们知道国内对慈善基金会的规范性要求较高,并且可以为慈善资金捐赠人提供捐赠发票、取得税收优惠,这为慈善资金的募集提供了便利;而慈善信托在资金运用上的灵活性更高,它能帮助慈善资产完成保值增值的过程,做到更有效的资金管理。

当然,灵活度更高是不是意味着有更高的资金风险呢?曾有不少企业家朋友问笔者这么一个问题:既然慈善信托在资金管理上的灵活性比较高,那如何保证在慈善资金保值增值的过程中,受托公司不会滥用职权,导致慈善本金的巨大损失呢?

其实慈善信托的灵活性只是相对慈善基金会而言的,并不代表受托公司就能随意处置资金。想要设立慈善信托,首先要选择一家信任的受托机构,然后与其签订合同等文件,在这些文件中,委托人可以规定信托财产的运用范围、利益分配等来明确自己与受托机构的权利义务,然后委托人才会把受托财产的所有权放在受托机构名下。而且,委托人还可以再找慈善信托监察人,对受托机构进行监督,如果发现受托机构违反了文件约定,委托人是有权向人民法院提起诉讼的。

无论是慈善基金会还是慈善信托,都是家族慈善传承的法律工具,尤其是对于富裕家庭而言,两者均对资产隔离与规划有很大的作用。那么这么好的工具,在国内的发展状况又如何呢?

三、慈善，在中国的探索

西方的慈善文化发展为我们提供了极有价值的参照，它一边让富人回馈社会，减缓贫富差异带来的阶层冲突，一边又为中国企业家指明了一条越走越开阔的传富之路。当然，在实际运用中，由于文化的差异与制度的不同，导致慈善这条路在中国的发展还是任重而道远。

（一）新中国对慈善之路的探索与发展

2016年3月16日我国首部《中华人民共和国慈善法》的推出，明确了慈善活动的范围与定义，规范了慈善组织的资格与行为，回应了社会普遍关注的慈善募捐和慈善捐赠的重大问题，进一步明确了慈善信托制度，提出了政府促进慈善事业的措施，确立了政府监管、社会监督和行业自律三位一体的综合监管体系。

其实在《中华人民共和国慈善法》颁布之前，我国也在慈善之路上进行了多次探索。1988年国家发布的《基金会管理办法》就规定了基金会的定义、设立条件、资金筹划规则与保值规则等内容，虽然当时的办法还不完善，但对于中国基金会的发展起到了不小的积极作用，直到2004年，该办法被《基金会管理条例》取缔。

除了相关法律法规的推进与支持，民营企业家们也学会自我探索先进的慈善文化，并为自己所用。例如蒙牛乳业创始人牛根生就在企业崛起后，逐步由企业家转型为慈善家，2004年，他创立"老牛基金会"，并在之后捐出自己在蒙牛所持的所有股份，2009年8月，他又主动请辞蒙牛集团董事长职务，至此成为一名专职慈善家。其中，牛根生及其子女牛犇、牛琼分别创立的"老牛基金会"和"老牛兄妹基金会"被媒体称为中国版"洛克菲勒基金会"。

目前,中国有公益信托和慈善信托,两者并存。2001年的《中华人民共和国信托法》里专章规定了公益信托,2016年的《中华人民共和国慈善法》里规定了慈善信托。

慈善信托不是慈善财产的管理方式,如果只把它看作财产管理方式,那就大错特错了。它实际上应该是和慈善组织或慈善基金会、民办非企业单位和社会团体并行不悖的,是具有竞争意义的新的慈善方式,是一种新的慈善路径。它有很多优点,比如它设立很便捷,备案即可;行政管理费用低,因为它只有受托人,不需要成立一套完整的组织机构;它是借助信托财富的目的性和锁定的原则,使其目的不会落空;借助信托受托人的能力,使财产增值保值;借助信托制度的灵活性,全面实现委托人的意愿。当它与家族信托或者特殊目的信托相结合的时候,会完美解决财富传承和财富的归宿问题。

当然,虽然中国对慈善的探索从未止步,但由于国内经济的迅速腾飞与国民慈善需求的日益增长,现实要求我们探索的步伐还需更快一些。尤其我国正面临着改革开放以来第一批代际传承的问题,在时代红利下创造财富的第一代企业家逐渐老去,准备接班的第二代正摩拳擦掌准备登台。为了更好地传承家业,让子辈接力家族财富与精神,创一代们绞尽脑汁希望子辈能多学习一点财富规划知识,开始规划家族慈善事业,为他们的接班铺路,甚至希望在此过程中获取更多社会身份与资本。但无论出于什么目的做慈善,都不妨碍慈善活动对社会的突出贡献。只是,由于国内相关法律的细则还待斟酌研究,所以还是有许多富商选择在国外成立基金会。

(二)国内慈善的可持续问题

之所以笔者会在前两个章节不断地强调慈善的"可持续性",是因为笔者觉得"可持续"是国内慈善生存之道。如果国内慈善只讲究"善",而不从经济的角度谋求发展的话,这种"善"也是走不远的。

《基金会管理条例》第二十九条规定:"公募基金会每年用于从事章程

规定的公益事业支出，不得低于上一年总收入的70%；非公募基金会每年用于从事章程规定的公益事业支出，不得低于上一年基金余额的8%，基金会工作人员工资福利和行政办公室支出不得超过当年总支出的10%。"

对于个人或家族成立的非公募基金会来说，如果没有能力将慈善资金打理好，完成它的保值增值，那么这个基金会终将灰飞烟灭，不能长久发展。这绝不是我们的初衷，我们需要的是百年慈善、百年家族。

案例

历经百余年而不衰的诺贝尔基金会

诺贝尔基金会是根据阿尔弗里德·诺贝尔遗嘱的规定建立起来的，诺贝尔想用3100多万瑞典克朗鼓励专业领域的学者深钻自己的领域，取得非凡的成就，据传每一个奖项的奖金相当于大学教授20年的薪水。

诺贝尔基金会于1900年成立，曾经的3100万瑞典克朗，经过100年的投资增值，已变成40多亿瑞典克朗的财富。对追求慈善资产增值的基金会而言，诺贝尔基金会的发展极具借鉴意义。

在这一百多年的发展里，诺贝尔基金会最重要的任务之一就是让钱生钱。其实一开始，诺贝尔基金会的投资十分保守，基本投资于中央或地方政府做担保、能支付固定利息的国债或贷款，其收益率也比较低。

20世纪前半段，基金会一直以这样保守的投资模式维持着，只是在这50年间，税收成为诺贝尔基金会最头疼的问题。按照当时的法规，诺贝尔基金会每年的税率在10%，可之后这个税率不断增长，直到1923年，基金会所缴纳的税款已超过奖金本身。

其实，关于是否应该给慈善基金会免税，一直是瑞典议会的议题，但是由于牵涉太广，所以这项议题直到1946年才通过。之后美国表示诺贝尔基金会在美国的投资活动享受免税待遇。

1953 年，瑞典政府允许基金会独立投资，诺贝尔基金会的投资策略由保守转向积极，将钱投入股市、不动产等，经济状况也得到了些许改善。直到 2000 年，基金会的投资规则有了新的改进，允许将资产投资所得用于颁奖，而不像过去那样，发奖金的钱只能来自于直接收入，即利息和红利。它也意味着基金会可将更高比例的资产用来投资股票，以获得更高的回报和更高的奖金数额。

历经百余年考验而不衰的诺贝尔基金会，终因为它理财有方的投资，使得基金会资金不断增值，并被其他国家地区基金会所效仿，例如日本的"日本奖"与"京都奖"就是参照诺贝尔基金会的运营模式来设立的，甚至在 1985 年，日本专门为瑞典诺贝尔基金会设立一项特别奖，奖金为 4500 万日元，以认可诺贝尔基金会自 1900 年以来在促进科学与国际理解上所起的作用。

做慈善是一件好事，让慈善脱离创立人持续地做下去更是善莫大焉。但想要复制这样的模式，也需要国家政策法律的鼓励。其实，我国也在不断为公益金融体系而发力。就在 2014 年 11 月，国务院下发的《关于促进慈善事业健康发展的指导意见》中，明确提出公益慈善与金融创新相结合的政策命题，倡导金融机构根据慈善事业的特点和需求创新金融产品和服务方式，积极探索金融资本支持慈善事业发展的政策渠道，并支持慈善组织为慈善对象购买保险产品，鼓励商业保险公司捐助慈善事业。

虽然到现在为止，国内还是有许多富人会选择在国外设立基金会，但不容置疑的是，近几年国内的基金会立法已更加完善，也能实现慈善与财富传承的双重要求，这对国内慈善事业的发展来说，绝对是一个好消息。

无论如何，国家为慈善事业提供政策支持，金融机构助力慈善组织发展，让慈善变成一个可持续发展的行当是未来的趋势，也是人类的福音。笔者乐观地相信，在不久的将来，我们国家这一大批在改革开放数十年间成长起来的企业家，不仅为国家创造出了令世界惊叹的经济奇迹，也将用"中国速度"开创出慈善事业的中国模式！

附录：婚姻中个人财产与共同财产的界定问题归纳。

个 人 财 产

类别	类 目
现金	婚前收入
	特殊补贴（人身、科研、解除劳动关系的补偿等）
不动产 （房、车、珠宝等）	婚前个人全款购买
	婚前个人按揭婚后还贷（产权）
	婚后用个人资产购买（能证明是个人资产购买）
商业保险	婚前的保险（保证型、储蓄型）
	婚后保障型保险
	婚后特定保障型保险
股权	婚前股权
知识产权	知识产权权利本身
	知识产权婚外收益
家族信托的收益金	家族信托的受益金
五险一金	婚前取得
赠与	婚前赠与
	婚后赠与（有公证）
继承	婚前继承
	婚后继承（有遗嘱）

共 同 财 产

类别	类目
现金	婚前收入
不动产（房、车、珠宝等）	婚前个人按揭婚后还贷的增值部分和共同偿还贷款部分
	婚后共同购买
	婚后无法证明是个人资产购买
商业保险	婚后购买的养老保险
	理财分红类保险
股权	婚前股权，若参与经营，增值部分属于共同财产
	婚后股权
证券	婚前购买的证券的增值部分（除孳息和自然增值以外）
	婚后购买
债权	婚后债权
知识产权	知识产权的婚内收益
五险一金	婚后取得
赠与	婚后直接赠与
继承	婚后直接继承

个人财产和共同财产的区分

类别	名称	共同	个人
现金	婚前收入		✓
	婚后收入	✓	
	特殊补贴（人身、科研、解除劳动关系的补偿等）		✓

续表

类别	名称	共同	个人
不动产（房、车、珠宝等）	婚前个人全款		✓
	婚前个人按揭婚后还贷	增值部分和共同偿还贷款部分	产权
	婚后共同购买	✓	
	婚后用个人资产购买	无法证明是个人资产购买	能够证明是个人资产购买
商业保险	婚前的保险（保证型、储蓄型）		✓
	婚后保障型保险		✓
	婚后特定保障型保险		✓
	婚后购买的养老保险	✓	
	理财分红类保险	✓	
股权	婚前股权	若参与经营，增值部分属于共同财产	✓
	婚后股权	✓	
证券	婚前购买	增值部分（除孳息和自然增值以外）	✓
	婚后购买	✓	
债权	婚后债权	✓	
知识产权	知识产权权利本身		✓
	产权的收益	婚内的收益	婚外的收益
家族信托的受益金	家族信托的受益金		✓
五险一金	婚前取得		✓
	婚后取得	✓	
赠与	婚前赠与		✓
	婚后赠与	直接赠与	有公证

续表

类别	名称	共同	个人
继承	婚前继承		✓
	婚后继承	直接继承	有遗嘱

易混同财产

资产类型	性质	婚后保护办法
现金	易混同	(1) 婚前在银行开该账户证明 (2) 该账户只用于转账，进出清晰 (3) 转换成保险或全款房 (4) 设立家族信托
房产（全款）	可能混同（置换、抵押、身故继承）	(1) 与父母按份共有 (2) 置换抵押时签订协议
房产（按揭）	可能混同	(1) 协议约定归属购买方 (2) 用婚前财产账户转账支付按揭
证券（尤其是股票）	易混同	(1) 协议约定 (2) 家族信托
公司股权	所得红利部分共同拥有	(1) 协议约定归属 (2) 表决权和收益权分离 (3) 设立家族信托